# Casino

## Operations Management

NCS 활용

카지노운영관리사 시험대비

# 카지노 운영관리

유경미·박주희 공저

백산출판사

# 머리말

우리나라에는 외국인전용 16개소와 내국인출입가능카지노 1개소를 해서 총 17개의 카지노가 영업 중에 있습니다. 더 나아가 향후 새로운 카지노가 개장한다면 현재의 도심형 카지노 형태가 아닌 복합리조트의 형태로 개장될 것입니다.

2017년 영종도에 파라다이스 그룹의 파라다이스 시티, 2019년도에는 시저스 그룹, 2020년도에는 KCC그룹 · 모히건 선의 인스파이어 IR이 개장 예정 중에 있으며, 제주도에서도 2018년도 람정제주개발이 단계적 개장으로 성장될 전망입니다.

IR은 카지노를 중심으로 호텔, 리조트, 테마파크, 워터파크, 컨벤션, 엔터테인먼트, 쇼핑, 박물관, 각종 레스토랑 등 관광산업에 있어 핵심이 되는 모든 인프라가 구축되어 서비스산업의 일자리창출에 지대한 역할을 할 것으로 예상하고 있습니다.

본서 『NCS를 활용한 카지노 운영관리』는 NCS학습모듈을 기반으로 카지노학과 및 관광관련학과 재학생들과 카지노운영관리사 자격증 취득 대상자를 중심으로 카지노이론 · 실무교육 중점으로 집필되었습니다. 또한 카지노분야에서 국내최초 NCS를 기반으로 한 교재로서 카지노딜링교육뿐만 아니라 카지노운영관리사 자격증 필기시험 모의고사가 수록되어 기존의 여러 교재들과 차별성을 갖는다 하겠습니다.

카지노운영관리사란 자격기본법 제17조 및 관광기본법 제11조에 근거하여 영업장 내 고객의 관광레저 욕구를 충족시키고 건전한 카지노 게이밍을 제공하기 위해 카지노 서비스매너를 익히고 외국어실력을 갖추어 칩스와 카드관리, 테이블게임진행 등의 업무를 담당합니다. 이는 호텔카지노산업의 서비스 수준을 효율적으로 유지 관리하며 전문 인력 양성을 목적으로 카지노 이용객의 편의 도모는 물론 고부가가치 관광산업으로의 중요성을 홍보하여 카지노산업의 위상과 대국민 인식 전환을 제고하는데 있습니다.

본서의 내용은 1장 카드와 칩스의 다루기, 2장 룰렛 게임의 개념 및 진행방법, 3장 블랙잭 게임의 개념 및 진행방법, 4장 바카라 게임의 개념 및 진행방법, 5장 카지노운영관리사 자격검정 필기시험대비 모의고사문제 및 각 게임의 전문용어정리, 관광법규 및 카지노 영업준칙으로 구성되어 있습니다.

마지막으로 이 책이 출판되기까지 도움을 주신 한국서비스산업진흥원 김영배 이사장님과 김태원 연구원님 그리고 백산출판사 편집부에 감사의 뜻을 전합니다.

저자 일동

# 차례

## CHAPTER 1 카드와 칩스 다루기 · 11

## CHAPTER 2 룰렛 게임 · 33



## CHAPTER 3 블랙잭 게임 · 57

Chapter

1

# 카드와 칩스 다루기



카·지·노·운·영·관·리·사·시·험·대·비

# NCS를 활용한 카지노 운영관리

카지노운영관리사 시험대비

Chapter 1

# 카드와 칩스 다루기

## 제1절 카드

### 1 카드의 역사와 변천

카드가 유럽에 전해진 것은 11세기에서 13세기 사이로 추정되는데, 13세기에는 유럽에 분명히 존재하고 있었으며, 14세기에는 상당히 많은 나라에 퍼져 있었다. 유럽에 전래된 경로에 대해서는 집시가 가지고 왔다는 설, 사라센인이 문예 · 오락과 함께 전했다고 하는 설 및 11세기에 원정한 십자군의 군인들이 가지고 돌아왔다는 설 등이 있다.

유럽에서의 오래된 형태의 카드는 위에서도 말한 바와 같이 독일의 타록(Tarok), 프랑스의 타로(tarot), 이탈리아의 타로키(tarocchi)이다. 이것은 22장의 아투(atout)라고 불리는 트럼프(정확히는 21장과 딸린 패 1장)와 56장 합계 78장으로 1벌이 되어 있다.

22장의 트럼프는 1부터 21까지의 번호가 붙어 있는 우의화가 그려진 패와 광대를 그린 딸린 패 1장으로 이루어져 있으며, 의인화는 연대에 따라 다르지만 일반적인 것은 마술사, 여자교황, 여자황제, 황제, 교황, 애인, 전차, 재판의 여신, 은둔자, 운명의 수레바퀴, 여자씨름꾼, 형사자, 사자, 절제, 악마, 낙뢰의 탑, 군성, 달, 태양, 심판, 세계이다.

이것은 인간의 갖가지 욕망과 활동을 나타낸 인생의 축도이다. 딸린 패에는 괴상한 복장을 입은 광대가 곡예와 악덕이 가득 찬 자루를 짊어지고 걸어가는 모습이 그려져 있는데, 이것이 오늘날의 조커가 된 것이다.

다른 56장의 카드는 검 · 곤봉, 성배, 화폐의 4가지 수츠로 나뉘어져 있으며, 각 수츠는 1부터 10까지의 수가 있는 패와 왕, 여왕, 기사, 병사의 그림패로 되어 있다. 검은 왕후, 귀족, 곤봉은 농부, 성배는 사제, 화폐는 상인의 상징인데, 이것은 중세의 사회계급을 나타낸 것이다. 이 타록 78장 중에서 22장의 트럼프를 대타록, 나머지 56장을 소타록이라고 한다.

14세기 말부터 15세기 초에 걸쳐 프랑스에서 타록으로부터 22장의 으뜸패가 사라지고 56장 1벌이 되었다. 또, 그림카드 중에서 기사가 없어지고 각 수츠가 13장씩 합계 52장으로 현대의 카드와 같은 구성이 되었다. 병사, 하인을 나타내는 카드를 잭이라고 한다. 각 수츠의 표시도 프랑스에서 현재와 같은 스페이드, 하트, 다이아몬드, 클럽으로 변화하였다.

스페이드는 검의 변형인데 이탈리아어의 검을 뜻하는 'spada'에서 유래하며 영어의 'spade(쟁기)' 뜻은 없다. 하트는 성배의 변형, 다이아몬드는 화폐의 변형이다. 클럽은 곤봉을 뜻하는데, 클로버 잎을 사용하고 있다. 그 이유는, 옛날 카드를 보면 곤봉에 클로버 같은 세 잎이 붙어 있는데, 이것이 곤봉 대신에 상용된 것이다.

카드는 14세기까지 손으로 그렸기 때문에 값이 비쌌으나, 15세기에 목판인쇄로 대량생산이 되면서 값이 싸져서 일반인에게 보급되었다. 19세기 말에 영국에서 네 귀를 둥글게 하였고 인덱스도 붙였으며, 그림카드도 상하에 같은 그림을 대칭으로 넣었고, 1벌 52장에 조커를 가해서 오늘날 일반적으로 사용되는 카드의 형태가 완성되었다. 현재는 플라스틱으로 만든 카드도 시판되고 있다.

## 2 카드의 의미

스페이드(Spade), 다이아몬드(Diamond), 클럽(Club), 하트(Heart)의 네 가지 마크는 봄, 여름, 가을, 겨울의 사계절을 의미하며, 스페이드(Spade)는 밭을 갈 때 사용하는 삽, 가래의 농기구, 또는 명예나 권력, 파괴를 뜻하며, 다이아몬드(Diamond)는 재화나 부귀, 클럽(Club)은 교제나 행운, 하트(Heart)는 남녀 간의 사랑과 인간관계의 애정을 나타내기도 한다.

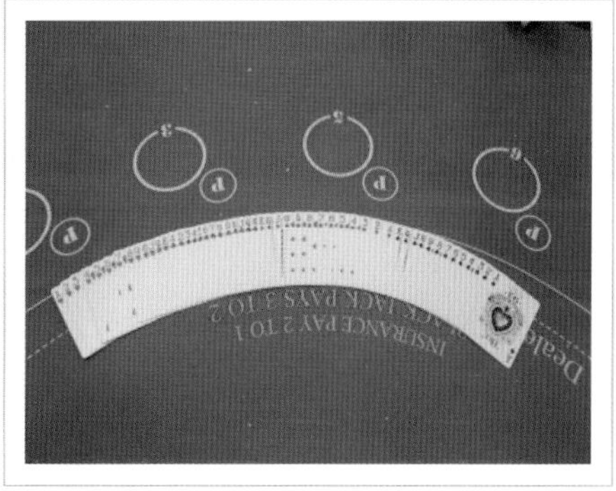

카드 52장은 1년의 52주를 나타내며, 각 슈트(Suit)에는 A(Ace), K(King), Q(Queen), J(Jack), 10, 9, 8, 7, 6, 5, 4, 3, 2의 13매를 합하면 91이 되고, 91에 4개의 슈트(Suit)를 곱하면 364가 되는데, 여기서 Joker 한 장을 더하면 365 즉 1년은 365일과 같다는 의미를 나타낸다.

## 3 카드 파지법

오른손 왼손 모두 동일하게 카드의 ①번 손가락은 하단에 ②번 손가락은 좌측에 ③④번 손가락은 상단에 ⑤번 손가락은 우측에 위치한다.

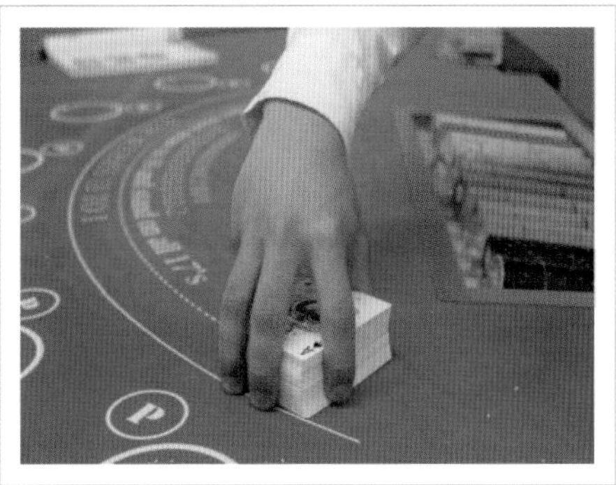

수행 TIP

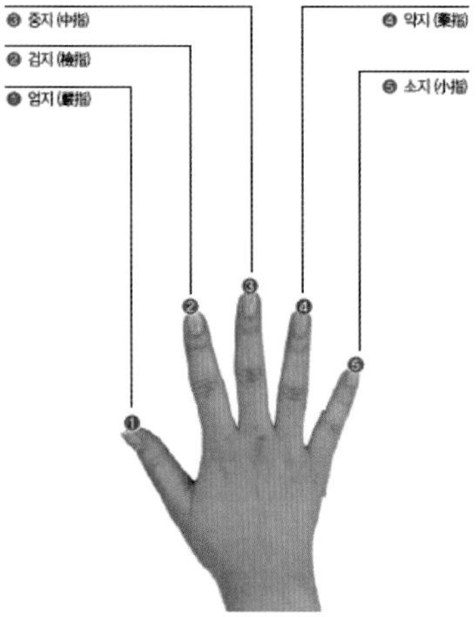


## 4 Spread

### 1) Spread의 정의

카드를 순서대로 나열하여 무늬와 숫자 및 카드의 파손여부를 확인하고 오픈 테이블 디스플레이할 때 스프레드를 한다.

### 2) Spread의 방법

① 파지법은 우측 세로 파지법.

② 2Deck으로 하되 Table에 따라 6~8Deck까지 실시한다.

③ 옆으로 세워 어레인지(arrange)하면서 30° 정도 왼쪽으로 기울인다.

④ 먼저 확실히 왼쪽 면이 닿게 시작하고 손목이 틀어지지 않게 손을 펼쳐 ②번 손가락으로 카드의 간격을 조절하며 펼쳐간다.

⑤ 인슈어런스(insurance) 글씨 선을 기점으로 아치형으로 그려나간다.

⑥ 모서리를 꼭 누르고 시선은 카드의 하단을 따라가면서 톱니현상이 일어나지 않도록 한다. 톱니현상은 손목이 비틀어지면 일어난다.

⑦ 왼손은 항상 테이블을 짚는다.

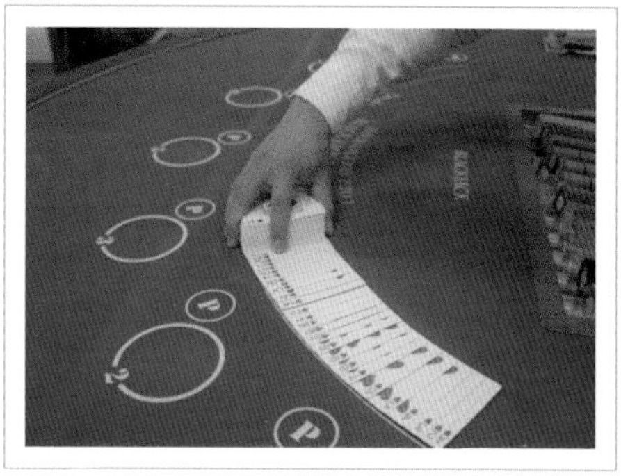

### 3) Spreed된 Card의 Arrange

① 딜러 쪽에서 가장 먼 왼쪽에서 오른쪽으로 걷어간다.

② ②번 손가락만 구부려 카드의 앞면에, 나머지 ③④⑤번은 카드의 뒷면에 위치한다.

③ 1번은 카드가 들어갈 수 있도록 벌려준 상태에서 ②③번 사이에 카드를 끼워 어레인지한다.

④ 마지막엔 조금 더 각도를 세워준다.

## 5 Washing

게임을 진행하기 위하여 셔플을 하기 전에 실시하는 1단계 작업이며 카드가 잘 섞이도록 한다.

## 6 Shuffle 요령(6단계)

1) **Halfing** – 카드 1Deck을 반으로 나누는 과정

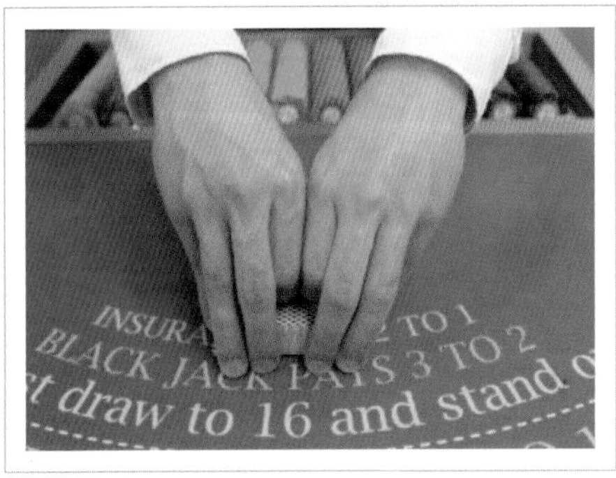

2) **Butting** – 나누어진 카드는 하단 안쪽 모서리를 붙이고 상단은 30도 정도 공간(V자)을 두는 과정

3) Riffing – (1) 손가락 ②번은 카드 안쪽 상단 모서리를 누른다.

(2) ③④⑤번은 카드의 각각 우측 상단을 가볍게 누른다.

(3) ①번 첫 번째 마디를 안쪽 상단 모서리에 댄 후 카드를 살짝 올려 양손에 힘을 뺀 후 내린다.

4) Joining – (1) 셔플된 카드는 양손의 ⑤번으로 밀어 나비모양을 만든다.

(2) 나비모양의 카드는 ③④⑤번 손가락을 이용하여 안으로 밀어 넣어 1Deck의 모양을 만든다.

5) **Stripping** – (1) 양손 파지법으로 두 번째 마디에 1Deck의 카드를 잡는다.
(2) 왼손은 파지법으로 두고 ⑤번은 레이아웃에서 떼지 않는다
(3) 오른손은 파지법을 이용, 밑면의 카드 약3/2만큼 떼어내어 왼손에 있는 카드 윗면에 올려준다. (3회 반복실시)

6) **Boxing** – Stripping된 카드를 왼손은 파지법으로 잡고 오른손은 ①③번으로 정리한다.

## 7 Bridge Shuffle

셔플과 같은 방법으로 셔플의 Joining 상태에서 수평하게 놓아 플레이어들에게 카드가 골고루 섞였음을 확인시키는 동작을 말한다.

## 8 Inserting과 Shoe에 넣는 법

어레인지된 카드를 플레이어에게 직접 Cutting시켜 카드의 이상 유무를 확인하는 과정

1) 정리된 카드를 왼손으로 잡는다.
2) Indicate 카드는 레이아웃에 놓고 오른손으로 (좌측 → 우측)반원을 그리며 Cut Please라고 콜하고 플레이어의 Cut을 받는다.
3) Inserting된 카드는 표시된 Indicate 카드를 엄지로 밀어 밑면이 가려지게 한다.
4) 뒷부분의 카드는 우측 상단으로 올려서 정리하고 하단의 카드는 상단에 올려두고 Indicate 카드는 빼낸다.
5) 오른손으로 카드를 잡고 왼손은 카드의 하단을 받쳐 Shoe에 넣는다.
6) Dealer는 빼낸 Indicate 카드를 하단에서부터 1Deck~1Deck 1/2지점에 Cut 한다.
7) Shoe는 좌측에 두고 Burning 카드라고 콜하고 2장의 카드를 뽑아서 Discard holder에 넣는다. (손가락 ①번은 좌측/ ②번은 상단/ ③④⑤번은 우측)

on all 17

on all 17

PAYS 3 TO 2
stand on all

JACK PAYS 3 TO 2
stand on all

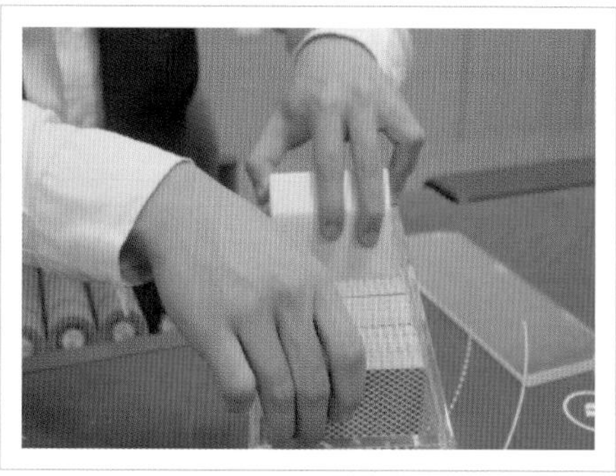

# 제2절 Chips

카지노에서 현금 대신 상용할 수 있는 현금 대용 화폐를 말한다.

## 1 칩의 종류와 구성

### 1) Value Chips(밸류 Chips)

액면가가 있는 칩스, 현찰화 할 수 있는 칩스를 말한다.

칩스 표면에 액면가와 카지노 로고가 표시되어 있으며, 카지노 내에서는 언제든지 현금화 할 수 있는 칩스이다. 금액별로는 각 카지노마다 다르지만 대다수의 카지노가 1.000, 5.000, 10.000, 100.000, 1.000.000, 5.000.000 등의 금액의 칩스를 사용한다.

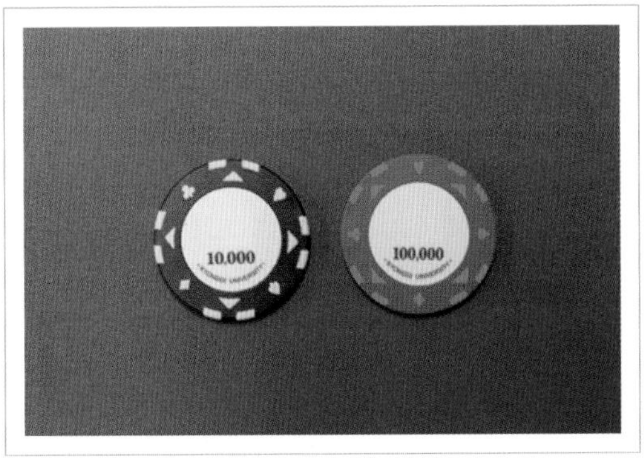


### 2) Non Value Chips(논밸류 Chips)

액면가가 없는 칩스, 현찰화 할 수 없는 칩스를 말한다.

현금화 할 수 없으며 일반적으로 Roulette이나 Tai-Sai 등의 게임에서 플레이어들의 구분을 위하여 여러 개의 Color로 되어 있다. (약 7종류의 Color)

### 3) Chips의 구성

① American Chips : 우리나라 카지노를 포함하여 전세계적을 가장 많이 사용하는 칩스. 원형 칩스로 지름이 39, 41, 43, 45mm 등의 칩스 크기가 있으며, 대체적으로 39mm를 가장 많이 사용한다. 무게는 13.5g이 표준이며, 9g 정도의 칩스도 있다.

② French Chips : 유럽이나 아프리카 카지노에서 주로 사용하는 칩스이다. 일명 Plaque 칩스(사각칩스)라고도 하며, 한 원형 칩스는 Jeton(쥐똥) 칩스라고도 한다.

③ Decal(데칼) : 칩스의 가운데 부분을 말하며, 액면가와 카지노 로고 등이 표시되어 있다.

④ Out Ring(아웃 링) : Decal 부분을 제외한 칩스의 둘레 부분.

## 2 Chips 파지법

1) ②번 손가락 첫 번째 마디는 굽혀 아래의 그림과 같이 올려놓는다.
2) 그림과 같이 칩스를 레이아웃에 두고 ①번은 우측 ②번은 칩스의 상단 ③④ 번은 우측 ⑤번은 하단과 우측 사이에 둔다.

## 3 Chips Cutting

### 1) Cutting의 정의

칩스에서는 가장 기본적인 행위이며 1스택(20개)의 칩스를 소정의 개수만큼 끊어서 세는 것을 의미한다.

① General cutting : 가장 일반적인 커팅기술
② Drop cutting : 검지의 느낌으로 원하는 개수를 떨어뜨리는 기술

③ Picking

5개 이하의 적은 개수를 하나씩 집어 올릴 때 사용되는 기술

④ Slide cutting

한 스택에서 5개 미만의 칩스를 떼어낼 때 스프레드하듯이 떼어내는 기술 (15~19개의 칩을 신속히 만들 때 사용)

## 2) Cutting의 단위

### ① 20개 커팅

### ② 6, 7, 8, 9개 커팅(사진)

6개부터는 다음의 기준으로 Cutting한다.

- 6개 = 3 + 3 - 7개 = 3 + 3 + 1
- 8개 = 4 + 4 - 9개 = 4 + 4 + 1

### 3) Chips Spreed

칩스의 수량을 파악하는 동작으로 5개 이하로 하며 순서대로 흐르듯이 펼쳐 놓는다.

### 4) Cutting의 방법

① 1Stack(20개)의 칩스를 필요한 만큼 끊어 만들어내는 동작이다.

② 칩스 파지법을 시작하면서 꼭 ①⑤번 손가락이 칩스 뒤를 받쳐줄 수 있도록 한다.

③ 우선 5개를 drop cutting으로 끊고 2번째 끊을 칩스를 조금 멀리서부터 가져오도록 하여 ①⑤번 손가락이 칩스를 받쳐주는 감각을 익히도록 한다.

④ Cutting 시에 ②번 손가락을 수직으로 안쪽을 향해서 앞의 칩스 1/2지점부터 Cutting하도록 한다.

⑤ 반드시 끝까지 3회(5개 Cutting일 때) 실시하도록 한다.

⑥ 마지막 칩스는 순서대로 흐르듯이 펼쳐 놓는다.

## 4 Color Change

1) 공통적으로 고액의 칩스를 저액으로 바꾸거나 저액을 고액으로 바꿀 때 손님의 칩스는 왼쪽부분에 페이할 칩스는 오른쪽 부분에 놓는다.
2) Call할 때는 오른손을 옆으로 하고 선서하는 모습으로 손을 올린다.
3) Calling : Check ! Color Change ! 000원

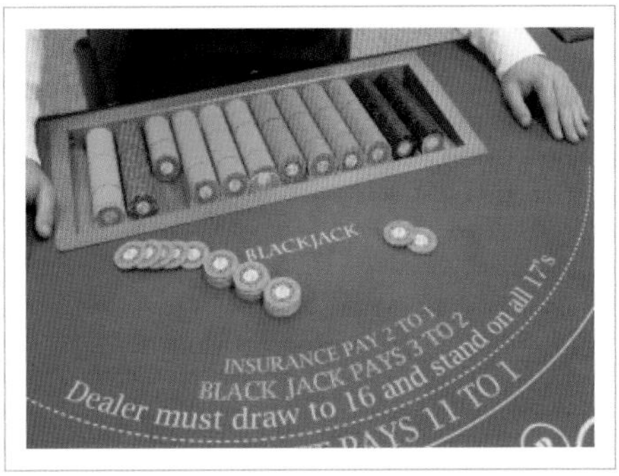

## 5 Money Selling

### 1) Money selling의 정의

테이블에 들어오는 현금을 고객에게 칩스로 전달하는 동작을 말한다.

### 2) Calling

| | |
|---|---|
| 현금 | Check ! Money Count (금액) |
| 수표 | Check ! 하우스 00입니다. |
| | Check ! 타행 00입니다. |

### 3) Counting 방법

- 5장씩 일렬로 10장을 단위로 Counting한다.
- 1cm 간격을 유지하며 수표는 금액이 보이도록 Counting한다.
- 50장 이상일 경우에는 계수기로 Counting한다.

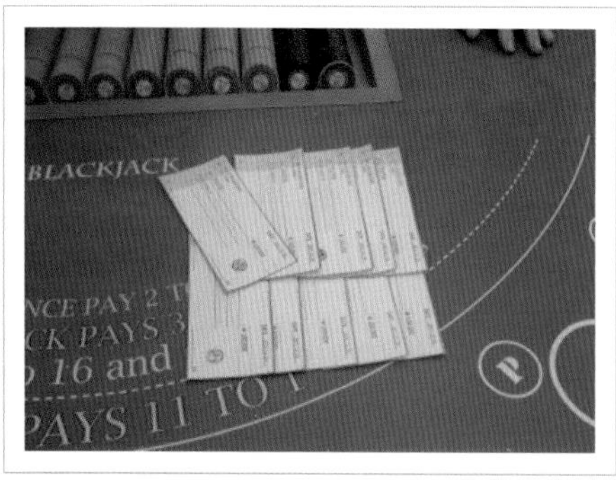

## 6 Cash

고객이 게임이 끝난 후 테이블을 떠날 때 많은 양의 저액 칩스를 간편하게 가지고 일어날 수 있도록 고액 칩스로 Change하는 것을 Cash라 한다.

저액 칩스 천원, 오천원, 만원 단위로 Spreed한 후 고액으로 Change 가능한 금액은 바꾼 다음 나머지는 돌려준다.

Calling은 Check ! Cash ! 000원로 한다.

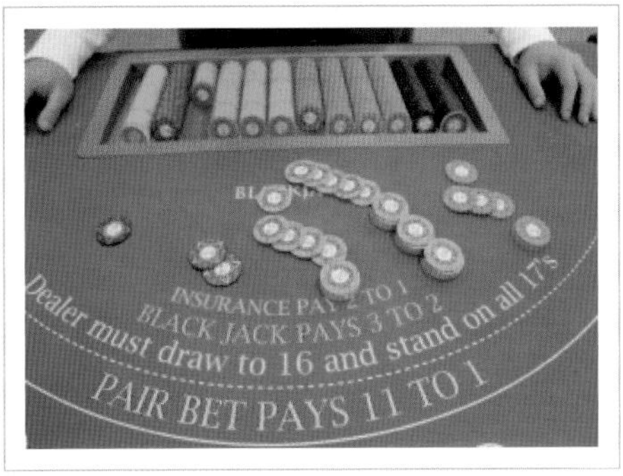


## 7 Fill & Collection

Fill : 부족한 칩스를 보충하는 동작.

Collection : 남는 칩스를 반납하는 동작.

① 날짜, 시간, 테이블번호, 칩스의 단위와 총액을 확인한다.

② 액수를 확인하기 위해서 금액별로 칩스 스택을 계산하며 마지막 스택은 spread하여 개수를 확인한다.

③ Slip을 점검하고 합계의 정확성을 확인, 서명하고 Pit Boss나 Floor Person 의 서명여부를 확인한 후 Money box에 넣는다.

Chapter

2

# 룰렛 게임



카·지·노·운·영·관·리·사·시·험·대·비

NCS를 활용한 카지노 운영관리

카지노운영관리사 시험대비

Chapter 2

# 룰렛 게임

## 제1절 룰렛 게임의 이해

### 1 룰렛 게임의 역사

Roulette이라는 단어는 프랑스어의 'Roue'(Wheel)와 이탈리아어의 'Ette' (Small)의 합성어로 그 뜻은 바퀴의 종류, 즉 Small Wheel, Rlooer 등의 뜻이다.

룰렛의 역사에 대해서 여러 가지 설이 있다. 프랑스에 이름이 알려지지 않은 수도사가 옛날부터 전해져 오는 마차 바퀴놀이를 변형시켜 만들었다는 설과 중국에서 만들어진 게임을 도미니쿠 수도회 수사들이 프랑스로 전파했다는 설도 있다.

이러한 설은 룰렛에서 1에서 36까지의 숫자를 전부 합하면 666이 되며 이는 수도원에서 지옥이나 악령을 뜻하는 수가 되는 것을 보면 수도원과 전혀 무관할 것 같지는 않다.

고대 그리스 신화에 전쟁용 방패를 돌려 작은 칼을 던져 마주는 게임이 있었다고 하고 로마황제 아우구스투스는 전차의 바퀴를 사용하였으며 미국의 인디언은 회전하는 바늘이나 시침을 사용하는 게임을 즐겼다는 기록이 있다.

룰렛 게임의 Origin에 대한 이야기의 역사는 무성하다. 17세기 계산법의 아버지라 불리는 수학자 파스칼의 영구운동을 발견하여 그 영향으로 축소형 바퀴 모양을 만들어 실험을 시도하여 'Roulett'이라고 이름지었다고 한다.

## 2 룰렛 게임의 정의

레이아웃과 Wheel 위에 1부터 36까지와 '0', '00'의 2개, 모두의 합이 38개의 번호 중 Ball이 어느 번호에 낙착하는지를 확률적으로 예측하는 게임이다.

테이블 레이아웃에는 Wheel-head와 같은 숫자들이 베팅할 수 있도록 그려져 있다. 볼과 Wheel은 서로 반대 방향으로 돌다가 Ball이 떨어져 들어가는 번호와 색, 그리고 홀짝에 의해서 당첨번호(Winning number)가 결정된다.

당첨번호(Winning number)가 결정되면 딜러는 당첨되지 않은 칩스는 거둬들이고(테이크하고) 당첨된 고객에게는 지정된 배율에 의해서 칩스를 지불하는 게임이다.

## 3 룰렛 게임의 확률

룰렛은 유럽식과 미국식의 모든 경우의 수가 각각 37, 38로 다르지만 카지노 업소 승률(House Advantage)을 정확히 계산할 수 있는 게임이다.

### 1) 유럽식(Single Number Bet)

당첨가능한 모든 경우의 수는 37가지(1~36, 0)이므로 고객이 이길 확률은 37분의 1이며 질 확률은 37분의 36이다. 이 때 당첨시의 배당은 35배이다.

$$(1/37) \times (35) + (36/37) \times (-1) = -0.027$$

그러므로 유럽식 Single Number Bet의 승률은 2.7%이다.

### 2) 미국식(Single 0 + double 0)

당첨가능한 모든 경우의 수는 38가지(1~36, 0 ,00)이므로 고객이 이길 확률은 38분의 1이며 질 확률은 38분의 37이다. 이 때 유럽식과 마찬가지로 당첨시의 배당은 35배이다.

$$(1/38) \times (35) + (37/38) \times (-1) = -0.0526$$

그러므로 미국식 0, 00의 승률은 5.26%이다.

따라서 손실을 줄이기 위해 가급적 많은 숫자를 커버할 수 있는 최적의 베팅을 찾아내기만 한다면 플레이어의 승률을 높일 수 있는 게임이기도 하다.

## 제2절 룰렛 종합딜링

### 1 Chips Stacking

#### 1) Stacking의 정의

한 게임이 종료된 후 Take되어 모아진 칩스를 양손을 이용하여 동일한 컬러를 신속히 주워 20개 단위로 에이프런에 정돈하는 동작을 말한다. (Mucking이라고도 함.)

① 칩이 레이아웃 위에 2개 이상 겹쳐 있지 않도록 펼친 후 먼저 필요한 칩부터 같은 색이 많은 칩 순서로 스태킹한다.

② 어깨에 힘을 빼고, 손가락은 살짝 구부린다.

③ ②번으로 칩의 아랫부분을 누르고 칩 위쪽 뒷부분을 들어감아 올려 손바닥 안에 쌓는다.

④ 양손은 레이아웃을 향하며 one by one으로 실시하되 20개 단위로 모아준다.

⑤ 최대한 빠른 시간 내에 쓰러지지 않도록 한다.

### 2) 20개 감각 익히기

- 칩스를 먼저 꺼내어 오른손으로 꽉 잡았을 때의 느낌으로 20개 감각을 익힌다.
- 레이아웃에 칩스 40개를 위로 쌓아 20개씩 파지법으로 잡는 감각을 반복한다.

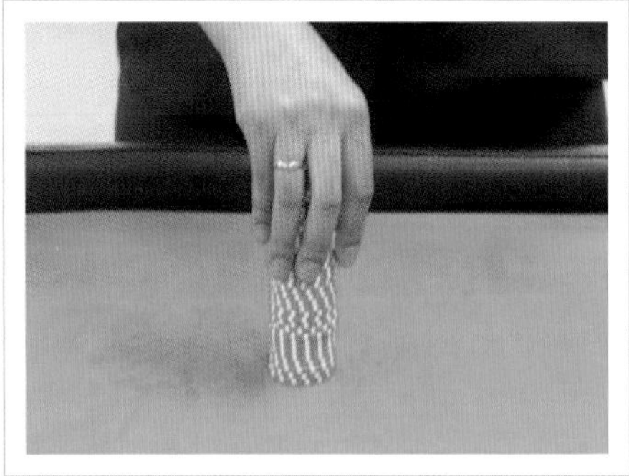 

## 2 Push

### 1) Push의 정의

① 볼이 낙착하여 당첨된 플레이어에게 해당 당첨금을 지급하는 동작.
(칩스의 모양꼴에 의해 멀리서도 개수 확인이 가능함)

② 모양꼴에 의한 칩스 파지법, 칩스 파지법과 모양꼴은 칩스의 개수에 따라 달라진다.

### 2) Chips 모양꼴에 따른 Push 방법

① 1~20개 Push 방법

기본 칩스 파지법과 동일하다. 단, 레이아웃에 밀지 않고 살짝 들어서 전달한다.

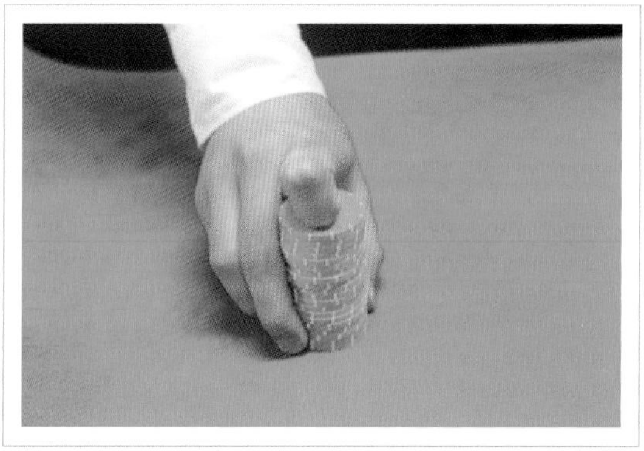

② 21~34개 Push 방법

①번 손가락을 칩스 위에 올려 놓고, ③④번 손가락에 힘을 주어 레이아웃에 밀어서 플레이어에게 전달한다.

③ 35~39개 Push 방법

1스택(1Stack) 앞쪽에 위치하여 하며 ①번과 ②번 손가락을 칩스 위에 올리고 ⑤번에 힘을 주고 ④번과 ③번으로 칩스가 밀리지 않도록 지지해 준다.

④ 40~59개 Push 방법

35~39개 Push와 동일하나 ①번 손가락이 칩스 중앙에 위치하는게 다른 점이다.

효과적인 Push 방법은 앞의 1스택(1Stack)과 뒤에 있는 1스택(1Stack)을 일자로 놓되 각도는 15~20도가 적당하며 그 이상 틀어지면 ⑤번과 ④번 사이로 빠져나갈 위험이 커진다.

⑤ 60~79개 Push 방법

모양꼴은 삼각형이며 ③④⑤번의 손가락이 닿지 않는 스택을 맨 앞에 있는 칩스가 가고자 하는 방향이 된다. ①번으로 칩스 위를 눌러주고 ③④⑤번에 균등하게 힘을 주어 레이아웃에 밀며 플레이어 앞까지 전달한다.

⑥ 80~99개 Push 방법

모양꼴은 마름모꼴이다. 마름모꼴의 밑쪽부터 ①⑤④③번 순서로 칩스에 위치하게 한다. ①⑤번에 힘을 주어 레이아웃에 밀며 플레이어 앞까지 전달한다.

⑦ 100~119개 Push 방법

마름모꼴과 파지법은 동일하다. 나가는 진행 방향의 각도는 조금 다르다.

⑧ 120~139개 Push 방법

모양꼴은 삼각형이다. 그림과 같이 순서대로 ①⑤④③번 그리고 ②번 손가락은 칩스 위쪽에 위치한다.

⑨ 140~200개 Push 방법

140개부터 200개까지의 Push 방법은 동일하다.

* 주의할 점은 ⑤번 손가락이 밑바닥에 있는 칩스까지 정확하게 밀어주는 것이고 ①번과 ④번 손가락이 양 옆에 나와 있는 칩스가 옆으로 밀리지 않도록 지지해 주는게 중요하다.

3) Push 방법에 따른 중요사항

① 반드시 레이아웃 밖으로 밀어준다.

② 칩스가 쓰러지지 않도록 속도 조절이 중요하고, 칩스의 아래쪽에 힘을 주어 밀어준다.

③ 에이프런 안의 칩스 어레인지가 중요하다.

④ 에이프런의 칩스를 가지고 나올 때의 파지법과 칩스를 가지고 나왔을 때 칩스의 어레인지된 상태가 중요함.

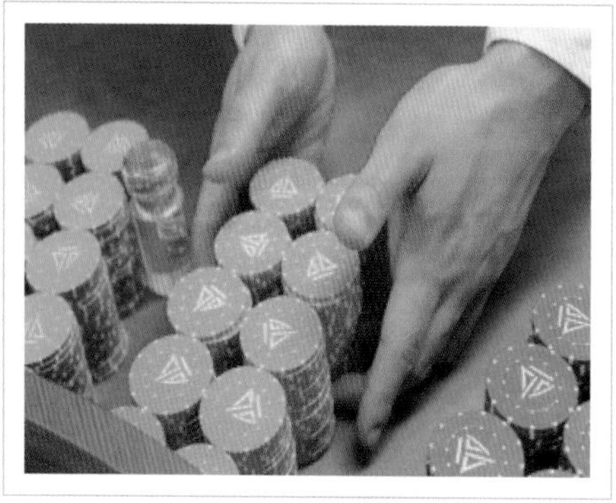

## 3 Spin

게임운영의 첫 단계로 휠 트랙(wheel track)에 볼을 대고 힘껏 돌려 휠 넘버(wheel nember)의 홀(hole)에 들어가게 하는 동작을 '스핀(spin)'이라고 한다.

볼을 잡아 엄지를 약간 구부리고 ③번 손가락과 ②번 손가락에 볼을 넣어 휠 트랙(wheel track)에 대고 ③번 손가락을 당기면서 튕기는 방법으로 볼을 '스핀(spin)'시킨 후에는 손등이 위로 보도록 하면서 자연스럽게 휠 림(wheel rim) 밖으로 손을 뺀다.

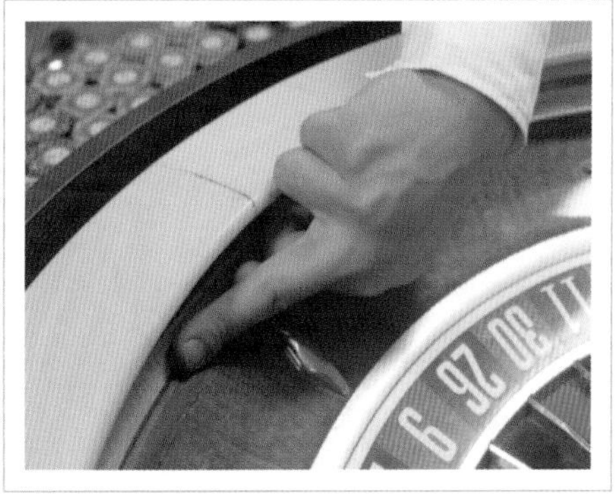

## 1) Spin 시 주의사항

1) 딜러는 볼 스핀 전에 플레이어가 베팅할 충분한 시간을 준다.
2) 볼과 Wheel은 반대 방향으로 돌린다. (Ball은 시계 방향)
3) 잘못 돌려진 볼은 'No Spin'이라고 콜한다.
4) Wheel Rim 밖으로 나온 손이 하늘을 향하지 않도록 한다.
5) 힘 조절을 정확하게 하여 볼이 날아가지 않도록 한다.
6) 손목을 꺾지 않도록 한다.

## 4 Calling

### 1) Calling 방법

1) Calling은 반드시 영어로 한다.
2) Calling은 플레이어와 관리자가 알아들을 수 있도록 크고 정확하게 한다.
3) Calling은 먼저 당첨번호를 Calling하고 색깔과 홀수 또는 짝수 순서대로 한다.

### 2) Calling의 진행 순서

| Calling | 내 용 |
|---|---|
| Bat down please | - 70~80% Betting이 이루어진 후 Spin한다.<br>- 레이아웃에 정확하게 Betting이 되어져 있는지 확인하면서 콜링(Calling) |
| Ball's going down | - Ball이 떨어지기 5~6바퀴 전에 Calling |
| No more bet, please | - Ball이 떨어지기 3~4바퀴 전에 종을 친다. |
| Number 00. | - Calling과 함께 손으로 저어준다. (반원 모양) |
| Color Call(Black&Red)<br>(Even&Odd) | - 당첨된 번호에 따라 Win/ Outside Bet을 Calling |
| Total Chips | - 당첨된 배율에 따라 칩스를 만들고 플레이어에게 페이한다. |

## 5 Marking

### 1) 정의

Winning Number를 표시하는 동작

### 2) 마킹 방법

① Marker를 손바닥이 위를 향하게 하여 ②번과 ③번 사이에 잡아 Win Number를 표시한다.

② Wheel에 낙찰된 Win Number를 이용하여 레이아웃에 표시하는 동작.

## 6 룰렛 게임 방법

### 1) Take

① Winning number를 Calling한다.

② Winning number를 Marker를 올려 놓는다.

③ 다시 한번 Winning number를 확인한다.

④ Winning number 주변을 정리한다.

⑤ 먼 곳에서 가까운 곳의 순서대로 lose된 칩스를 Take한다.

⑥ 레이아웃에 잘못 Take된 칩스가 있는지를 확인한다.

⑦ 페이는 먼 곳부터 Outside-Inside 순서로 페이한다.

### 2) Pay 순서

#### (1) Outside Pay

① Column Bet

② High(19~36) ③ ODD

④ Black ⑤ Red ⑥ Even ⑦ Low(1~18) Bet

⑧ Dozen Bet이 순서대로 페이한다.

* Column Bet, Dozen Bet Pay의 경우 레이아웃 인사이드에 걸리지 않도록 살짝 밀어주며 페이한다.

(2) Inside Pay

6라인 벳-스트릿 벳-스퀘어 벳-스플릿 벳-스트레이트 벳의 순으로 페이 한다.

스트레이트 벳은 적은 수를 베팅한 컬러 먼저 페이한다.

(6Line Bet~In side Bet을 한번에 Total 페이하는 카지노도 있으며 Each 페이하는 카지노도 있다.)

전체 칩스 페이 시 모양꼴을 생각하며 Push할 수 있는 모양으로 만들어 총 개수를 Call하며 페이한다.

(3) Money Chips Pay

① 오른쪽으로 스프레드하며 페이 시 고액 칩스가 위로 가도록 한다.

② 먼저 Play 칩스 준비한 후 Money 칩스를 위에 올려 페이한다.

③ Money 칩스는 항상 Cutting하여 확인한다.

## 7 Color Change

Change하려는 고액의 칩스를 제로와 더블제로 사이에 놓고 일정한 동일 play 칩스를 에이프런에서 꺼내어 정돈하고 "check color change"라고 콜을 한 후 관리자에게 확인을 받은 후 고객에게 페이한다.

## 8 Cash

저액을 고액으로 바꾸는 동작을 말한다.

## 9 Money Selling

"check money count"라고 콜을 한 후에 바꾸려는 일정한 화폐를 더블제로 위치에 놓고 일정 금액의 플레이 칩스를 정리해 놓은 다음 머니칩스를 오른쪽에 놓는다.

그리고 관리자에 확인을 받은 후 고객에게 페이한다.

## 10 레이아웃 명칭 및 해당 배수

### 1) 레이아웃 명칭 및 배수

| 구분 | 명칭 | | 해당 배수 |
|---|---|---|---|
| 인사이드 | 스트레이트 베트 | | 35:1 |
| | 스플릿 베트 | | 17:1 |
| | 스트릿 베트 | | 11:1 |
| | 스퀘어 베트 | | 8:1 |
| | 파이브 넘버 베트 | | 6:1 |
| | 라인 베트(식스 넘버 베트) | | 5:1 |
| 아웃 사이드 | 컬럼 베트 | | 2:1 |
| | 더즌 베트 | 퍼스트 더즌 1~12번<br>세컨 더즌 13~24번<br>써드 더즌 25~36번 | 2:1 |
| | 이븐 베트 | 블랙 / 레드 | 1:1 |
| | | 이븐 / 아드 | 1:1 |
| | | 하이 / 로우 | 1:1 |

## 2) 스트레이트 및 스플릿 벳 배수

| Chips 개수 | 35배수 | 17배수 |
|---|---|---|
| 1 | 35 | 17 |
| 2 | 70 | 34 |
| 3 | 105 | 51 |
| 4 | 140 | 68 |
| 5 | 175 | 85 |
| 6 | 210 | 102 |
| 7 | 245 | 119 |
| 8 | 280 | 136 |
| 9 | 315 | 153 |
| 10 | 350 | 170 |
| 11 | 385 | 187 |
| 12 | 420 | 204 |
| 13 | 455 | 221 |
| 14 | 490 | 238 |
| 15 | 525 | 255 |
| 16 | 560 | 272 |
| 17 | 595 | 289 |
| 18 | 630 | 306 |
| 19 | 665 | 323 |
| 20 | 700 | 340 |

## 11 모양꼴(Pattern)

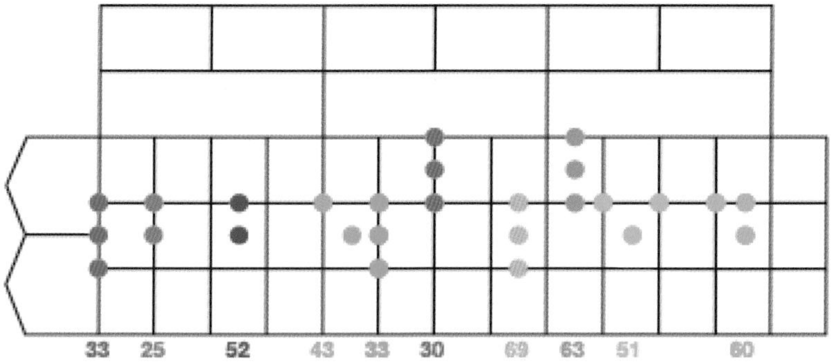


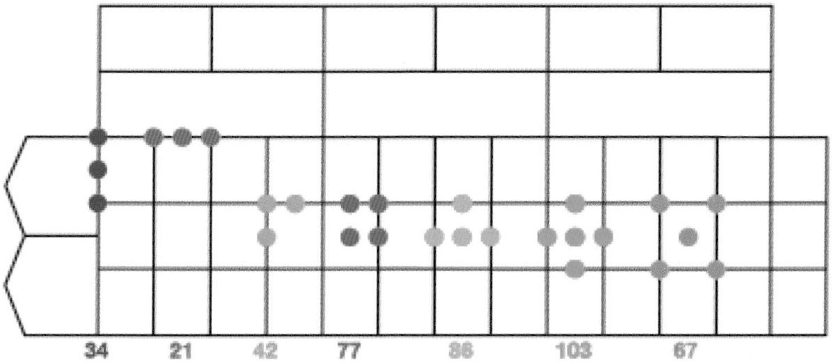


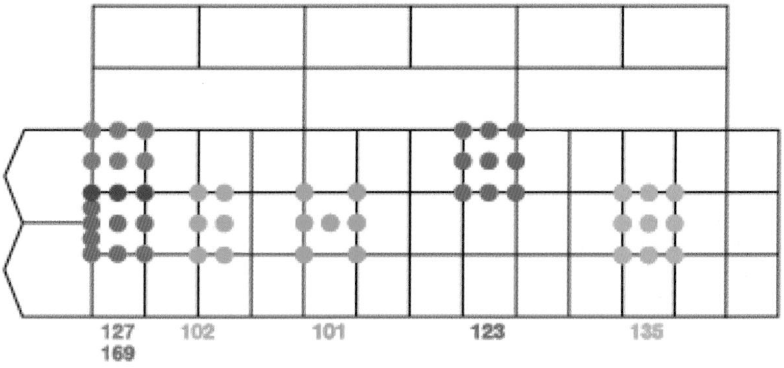

## 평가 방법

아래와 같은 내용으로 평가한다.

| 항목 | 항목별 내용 | 배점 | 점수 | | | | 비고 |
|---|---|---|---|---|---|---|---|
| | | | 탁월(5) | 우수(4) | 보통(3) | 미흡(2) | |
| R/O | Ball 파지법 | | | | | | |
| | Spin | | | | | | |
| | Spin 후 손 착지법 | | | | | | |
| | Winning Number Marking | | | | | | |
| | 당첨번호 재확인 여부 | | | | | | |
| | Outside take | | | | | | |
| | 주변정리 | | | | | | |
| | Inside take | | | | | | |
| | Outside pay | | | | | | |
| | Take Chips Stacking | | | | | | |
| | Chips setting | | | | | | |
| | Play Chips와 Money Chips 적절성 | | | | | | |
| | Apron 사용요령 | | | | | | |
| | 해당배수 숙지여부 | | | | | | |
| | Chips Push의 정확성 및 신속성 | | | | | | |
| | Color Change | | | | | | |
| | Money Selling | | | | | | |
| | 해당배수 및 모양꼴 | | | | | | |
| | 근무교대 시 자세 (인사, 표정, 복장 등) | | | | | | |
| | 전체 콜링 | | | | | | |
| | 총점: (만점인 경우 100점) | | | | | | |

# Chapter 3

# 블랙잭 게임



카·지·노·운·영·관·리·사·시·험·대·비

NCS를 활용한 카지노 운영관리

카지노운영관리사 시험대비

Chapter 3

# 블랙잭 게임

## 제1절 블랙잭 게임의 이해

### 1 블랙잭 게임의 역사

카드놀이는 인간 문화에서 가장 오래된 것 중 하나이다.

블랙잭 게임의 역사에 대해서는 여러 설이 있으나, 포커와 진 러미(Gin Rummy), 이탈리아의 7과 1/2(Seven and a Half), 스페인의 원 앤 써드(One and Third), 프랑스의 벵테엉(Vingt-Et-Un)에서 유래되었다고 하며, 이집트전쟁 이전에 스포츠 게임에도 나타나 있고, 그리스도(Christ)가 태어나기 전 B.C. 2000년경에 인도와 그리스에서도 전해 내려오고 있었다고 한다. 여러 종류의 카드놀이는 서유럽 시민들에게 널리 보급되었고, 13세기 동안 유럽에서 귀족들이 즐기던 카드놀이는 1360년 프랑스에 의해 세계적으로 카드 게임의 기준이 되었다.

1440년 독일의 구텐베르크(Johannes Gutenberg, 1398~1468)가 인쇄술을 개발하여 맨 처음 성경을 인쇄했고, 같은 해에 플레잉 카드(Playing Card)를 인쇄했다. 그 후 인쇄 기술의 발달로 유럽에서 여러 가지 형태의 카드 게임이 급속히 전파되었다.

현재의 블랙잭(Black Jack)과 규칙이 비슷한 카드 게임은 1940년경 이탈리아에서 처음 시작되었는데, 이 게임은 현대의 블랙잭에서 정해진 '21'이라는 숫자와는 달리 'Seven and a Half(7과 1/2)' 게임을 부분적으로 변형하여 모방한 것이라고 할 수 있다. 'Seven and a Half' 게임은 7과 1/2(7.5)을 초과하면 패하는 게임이다.

'21'게임이 1800년대 초에 프랑스에서 시작되어 미국으로 건너온 것은 1854년으로, 미국의 네바다 주에서 벵테엉(Vingt-Et-Un) 게임 레이아웃을 만들었고, 1879년대 중반 사우스타코타의 데드우드에서 영어로 번역되면서 '21(Twenty One)'으로 알려지기 시작하였다.

카드놀이에 관한 서적에는 1875년 블랙잭(Black Jack)이 벵엉(VINGT-UN)으로, 30년 후에는 벵테엉(VINGT-ET-UN)으로 불리었다고 하고, '21'에 접근하고자 하는 기본 원칙은 동일하다.

1910년 미국의 카지노에서 '21'게임이 처음 소개되었고, 1915년에 블랙잭 게임이 완성되면서 1919년 시카고에서 현대형의 테이블과 게임 규칙 등이 만들어졌다.

1931년 이후부터 네바다 주에서 카지노 게임이 합법화되면서 블랙잭 게임이 50%가 넘는 테이블을 차지하기 시작했고, 지금은 전 세계의 어느 카지노에서든 가장 많은 테이블 수를 차지하는 게임이다.

블랙잭 게임의 특성은 플레이어 전원이 딜러와 승패를 겨루는 게임으로서, 딜러는 선택의 여지가 없는 반면 플레이어는 다양한 수를 택할 수 있어 모션(Motion)게임이라고도 불리며 오늘날 카지노의 가장 대중화된 게임이라고 할 수 있다.

## 2 블랙잭의 정의

블랙잭 게임(Black Jack Game)은 카지노에서 가장 많이 볼 수 있는 게임이며 또한 카지노에서 운영 중인 게임 중 가장 인기가 있는 게임이다. 그 이유는 게임규칙이 비교적 간단하고 규칙을 쉽게 배울 수 있으며, 한 테이블에서 일행과 함께 게임을 즐길 수가 있기 때문이기도 하나, 가장 큰 이유는 플레이어에게 선택권이 부여되기 때문이다. 물론 다른 카지노 게임에서도 선택권은 있으나 블랙잭 게임만큼 플레이어의 전략과 요령에 따라 승패 결과를 좌우할 수는 없다.

블랙잭 게임은 52장의 카드와 2장의 인디케이트 카드(Indicate card)를 사용하는 게임으로 '21 Game'이라고도 부르며 '21'이 최고의 숫자이다. 따라서 플레이어들은 딜러의 카드 숫자보다 높게 만들거나, 21'에 가까운 숫자를 만들려고 노력한다. 본인이 원하는 숫자를 만들기 위하여 카드를 받을 수 있고, 또한 상황 판단에 따라서 받지 않을 선택권이 있으며 딜러는 플레이어와는 달리 '16'까지는 의무적으로 카드를 받아야 하며, '17' 이상일 경우 더 이상 카드를 받지 못하고 플레이어와 승부해야 한다. 블랙잭 게임은 카지노에 따라서 1덱(deck, 52장)부터 8덱(deck, 416장)까지 사용하며, 블랙잭 테이블의 레이아웃에는 딜러 핸드(hand) 하나와 1~7까지의 플레이어 핸드(player hand)로 이루어져 있다.

* Black Jack이란?

처음의 카드가 Ace와 10 카드를 받았을 때 Black Jack이라고 부르고 플레이어에게 1.5배 지불한다.

# 제2절 블랙잭 종합딜링

## 1 Burning Card

게임을 시작하기 전에 Face-down으로 2장의 카드를 뽑아 Discard Holder에 burning시키는 동작을 말한다.

수행 TIP

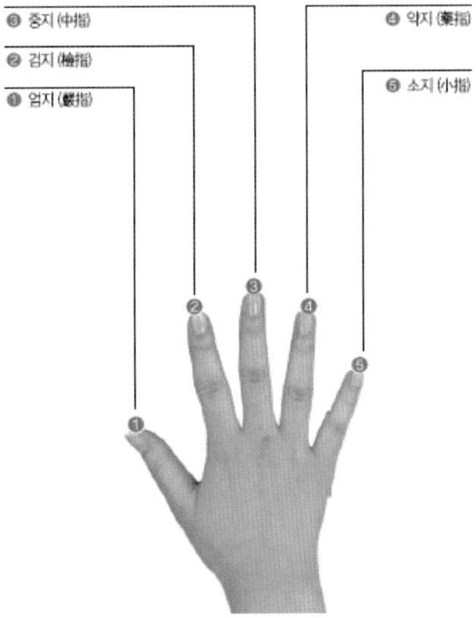


## 2 Drawing 파지법

### 1) 왼손

① Shoe에서 손가락 ③번으로 카드를 뽑고 ③④번과 함께 잡는다.

② 우측으로 뺀 후 손끝이 수평으로 되도록/ ①번은 카드의 윗면을 ②③④⑤는 카드의 밑면을 잡는다.

③ 카드는 밖을 향하도록 한다.

### 2) 오른손

① ①번은 팔과 일직선이 되도록/ ③번의 두 번째 마디 안쪽에 착지(카드의 하단과 1번 손가락이 T자형)

② ②번 손가락을 우측으로 뺀 후 손끝이 수평이 되도록 한다.

③ ③④⑤번 손가락은 힘을 빼고 살짝 구부리며 일렬로 붙인다.

수행 TIP

### 3) 착지법

① 카드의 우측 상단부터 놓으며 ①③번으로 누르고 내려 뺀다.

② ②번 손가락은 카드를 고정시켜주며 뺀다.

③ 앞 카드를 지나치며 착지한다.

④ 팔꿈치를 축으로 아치형을 그리며 착지한다.

⑤ 카드 높이를 5cm 정도로 하고 낮고 신속하게 수직하강한다.

⑥ 문양이 식별 가능하도록 한다.

## 3 Card Value

A카드는 1 또는 11이므로 둘 중 유리한 쪽을 선택하여 Calling한다.

J, Q, K 그림도 모두 10으로 간주된다.

> "A" ⇒ 1 또는 11
>
> J, Q, K ⇒ 10

예 A + J = 블랙잭

예 5 + A = 5 또는 15 + 6 = 21

예 3 + A = 4 또는 14 + 7 = 21

| | 소프트 | 하드 |
|---|---|---|
| 카드의 가치 (Card Value) | A + 6 = 7 또는 17 | 10 + 7 = 17 |
| | A + 7 = 8 또는 18 | 10 + 8 = 18 |
| | A + 8 = 9 또는 19 | 10 + 9 = 19 |
| | A + 9 = 10 또는 20 | 10 + 10 = 20 |
| | A + 10 = 블랙잭 | 10 + A = 블랙잭 |

## 4 Hole Card

플레이어 핸드 처리 후 Dealer Hand의 카드 값을 알기 위하여 Hole 카드를 펼치는 동작.

1) 첫 번째 카드는 왼손 ②③④번으로 뽑아 오른손 ②③④번으로 옮긴다.
   (Dealer 앞 중앙에 둔다.)
2) 두 번째 카드는 왼손으로 뽑아 중앙에서 첫 번째 카드와 겹치게 한다.
3) 나란히 놓여진 카드는 두 번째 카드는 그대로 두고 첫 번째 카드만 뒤집어 두 번째 카드 위에 올려 놓는다.
   - 오른손 ①번은 카드의 하단/ ②번은 카드의 중앙/ ③④⑤는 카드의 우측에 둔다. (계란은 쥔 모양)
   - 왼손은 ③④번으로 카드의 좌측을 정리한다.

## 5 Open Card

1) 오른손으로 ①번은 카드의 하단 ②③④⑤번은 카드의 위에 올려둔다.

2) 윗 장의 카드를 1cm 정도 상단에서 하단으로 당긴다.
3) 두 장의 카드를 상단에서 하단 부분까지 잡아당긴 후 오픈한다.
4) 카드 두 장이 나란히 보이도록 오픈하고 정리한다.

## 6 Card Counting

1) 플레이어의 정확한 의사결정 돕기
2) Mistake 방지
3) Dealer 자신의 보호
4) 관리자에게 게임 상황 알리기

## 7 수신호

1) Dealer : 오른손을 가지런히 펴서 오른쪽부터 시계 방향으로 Hit/ Stay라고 플레이어에게 Calling한다.
2) 플레이어 : 카드에 대한 의사표시를 Dealer에게 전달하는 과정.
   ① Hit : 두 번째 손가락을 펴서 레이아웃을 긁어 주거나 가볍게 친다.
   ② Stay : 손을 가지런히 펴서 양쪽으로 흔들어 준다.
   ③ Surrender : 두 번째 손가락을 펴서 레이아웃에서 옆으로 그어준다.

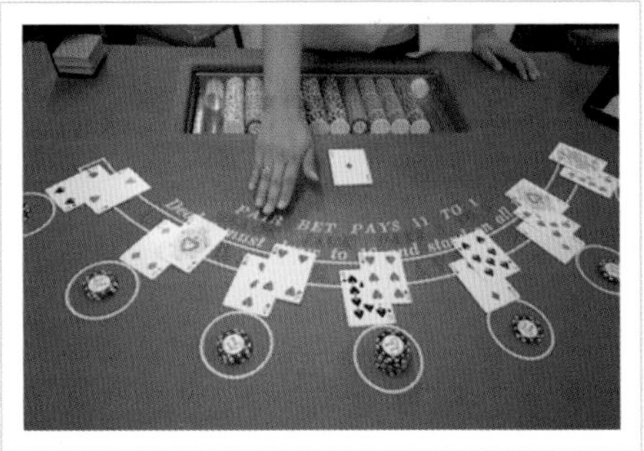

## 8 Calling

### 1) Calling의 정의

딜러의 Mistake 방지와 테이블의 상황을 플레이어와 관리자에게 명확하게 알려주기 위한 동작을 말한다.

### 2) Black Jack Game 진행에 필요한 Calling

| 순 서 | Calling | 비 고 |
|---|---|---|
| 1 | Bets down please | 플레이어의 Betting 유도 |
| 2 | No more bet, please | Betting 종료 알림 |
| 3 | Card Counting | Dealer는 플레이어에게 들리도록 정확한 Counting을 한다. |
| 4 | Black Jack | Initial two card가 Black Jack일 때 우선 Calling한다. |
| 5 | Double, Split, Serrender, Even Money | 각각의 경우 문제가 발생하지 않도록 플레이어에게 한 번 더 복창하여 재확인한다. |

### 3) Card Count Calling

① 고객은 원하는 대로 받으며 딜러는 17까지 받는다.

② 고객은 21이 초과하면 "Over" Dealer는 21이 초과되면 "Bust"라고 Calling한다.

③ 고객 Over 시 먼저 Chips Take 후 카드 Take한다.

④ 카드 Take 시 고객이 이길 경우 "Win" 졌을 경우는 "Lose"라고 Calling한다.

⑤ 카드의 합이 같을 경우 "Push"라고 Calling하며 카드를 세워 가볍게 한 번 찍어준다.

## 9 Card Take

Playing 중에 Lose/Win하여 게임이 종료된 카드를 모아 Discard Holder에 넣는 동작.

## 10 Indicate Card

게임의 종료를 알려주는 빨간색 카드를 말하며 Shoe 입구에 Indicate 카드가 보이면 "Last Card"라고 Call하고 Rack의 우측 옆에 놓아 둔다.

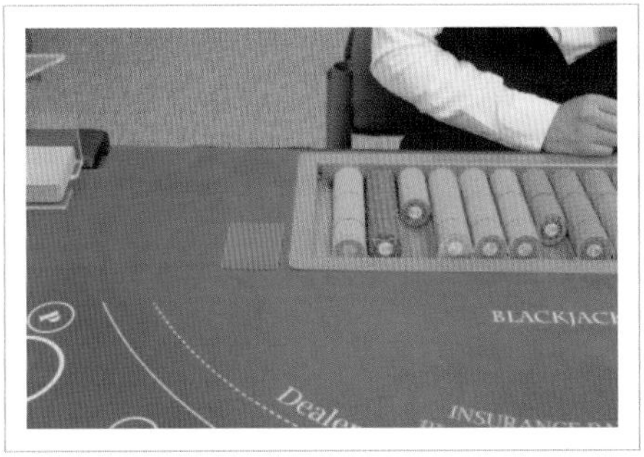


## 11 게임 Rule 설명

### 1) 페어 게임(Pair Game-Pairs 11 to 1)

블랙잭 게임과 전혀 다른 독자적인 단순한 게임이 페어 게임이다. 페어 게임은 최초의 카드 두 장(Initial 2 카드)이 한 쌍(Pair)이 되면 이기는 게임이다.

다음은 페어 게임의 기본 진행방법이다.

(가) 블랙잭 게임을 위한 베팅을 걸도록 유도한다.

(나) 페어 게임을 위한 베팅을 유도한다.

(다) 플레이어와 딜러 카드를 각각 두 장씩 분배한다.

(라) 두 장씩 배분된 카드 중에서 한 쌍(Pair)이 되지 않은 핸드의 베팅은 모두 테이크하고, 한 쌍이 된 핸드는 페이한 후, 게임을 계속 진행한다.

(마) 페이는 11배를 페이한다.

(바) 블랙잭 게임을 위한 베팅은 하지 않고, 페어 게임 벳(Pair Game Bet)에만 걸어서 게임을 진행할 수는 없다.

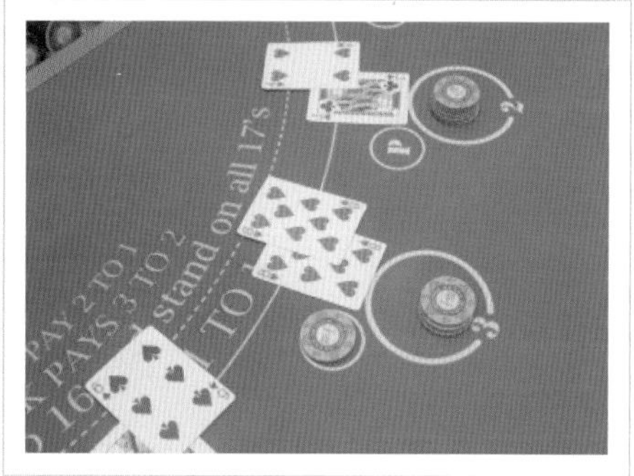

### 2) 딜러 Card - "10" Showing

| Hole Card가 Ace가 아닌 경우 | Hole Card가 Ace인 경우 |
|---|---|
| 확인한 후 그대로 게임을 진행한다.<br><br>단) "Blackiack"은 선처리 후 게임 진행 | "Blackiack"이라고 외친 후 Hole Card 오픈하여 우에서 좌로 Hand를 처리한다.<br>단) "Blackiack"은 Push |

### 3) 딜러 Card - "A" Shawing

| Hole Card가 10, J, Q, K가 아닌 경우 | Hole Card가 10, J, Q, K인 경우 |
|---|---|
| "No Blackiack"을 외친 후 그대로 좌에서 우로 Hand별로 해당 게임을 진행 | "Blackiack"을 외치고 Hole Card를 오픈 후 우에서 좌 Hand별로 처리하고 게임종료 |

### 4) B/J Pay

(1) 고객이 가진 Initial 2카드 합이 "A"와 "10, J, Q, K"일 경우 블랙잭이라고 하며 1.5배 페이한다. (착지함과 동시에 "Black Jack"이라고 Calling한다.)

(2) 딜러는 손님의 Initial 2카드 Drawing 후 블랙잭이 있을 경우 선 페이 후, 게임을 진행한다. ("10"/ "A" Showing일 경우 제외)

### 5) Double Down

플레이어가 Initial Two 카드에서 Original Betting의 동일 금액을 추가로 Betting하는 행위로 단 한 장의 카드만을 받는다.

(1) Dealer는 플레이어의 Double Down 요구 확인 후 플레이어가 동액을 Betting하면 Original Bet의 금액과 같은지 반드시 확인한다. (단, Less Bet 허용되는 카지노는 동일금액이 아니어도 됨.)

(2) Drawing 시 카드 파지법, 착지법과 동일하게 가로로 카드를 Drawing하여 세로로 놓아져 있는 플레이어 카드 하단에 착지한다.

(3) 숫자 Counting으로 마무리한다.

(4) 페이를 할 경우 2Hand 금액을 합쳐서 페이해도 무방하다.

### 6) Split

(1) Initial Two 카드가 동일해야 Split이 가능하며, 두 장의 카드로 Original Bet과 동일한 금액으로 Hand를 늘리는 동작을 말한다.
(추가로 3Hand까지 가능)

(2) 단) "A" Split일 경우 각 한 장의 카드만 받을 수 있다.

### 7) Insurance

딜러의 쇼윙카드가 에이스(ace)일 때 플레이어에게 허용하는 옵션으로 플레이어는 그의 오리지날 베팅의 반을 보험으로 걸 수 있다.

딜러가 블랙잭을 가졌다면 보험을 들지 않은 사람은 오리지널 베팅금액을 Lose하고 보험을 든 사람은 인슈런스 베팅(보험금액)에 대해 2배를 지불받으며, 딜러가 블랙잭이 아니면 보험금액은 Lose하고 게임은 계속 진행된다.

### 8) Even money

블랙잭에서 딜러의 Showing 카드가 에이스(Ace)이고, 플레이어의 이니셜 2카드가 블랙잭일 때, 딜러가 카드를 보지 않은 상황에서 플레이어에 의해 1.5배가 아닌 1배를 지불하는 것을 말한다.

## 평가 방법

아래와 같은 내용으로 평가한다.

| 항목 | 항목별 내용 | 배점 | 점수 | | | | 비고 |
|---|---|---|---|---|---|---|---|
| | | | 탁월(5) | 우수(4) | 보통(3) | 미흡(2) | |
| B/J | Card Spread | | | | | | |
| | Card drawing | | | | | | |
| | Card Shuffle | | | | | | |
| | Card take | | | | | | |
| | Card Counting | | | | | | |
| | Chips take | | | | | | |
| | Chips pay | | | | | | |
| | Inserting | | | | | | |
| | Double down | | | | | | |
| | Split | | | | | | |
| | Blackjack Pay | | | | | | |
| | Surrender | | | | | | |
| | Insurance | | | | | | |
| | pair처리방법 | | | | | | |
| | holdcard(리더기확인유무) | | | | | | |
| | Color Change | | | | | | |
| | Money Selling | | | | | | |
| | Limit확인 | | | | | | |
| | 근무교대 시 자세<br>(인사, 표정, 복장 등) | | | | | | |
| | 전체 콜링 | | | | | | |
| | 총점: | | | | | | |

Chapter
4

# 바카라 게임

Chapter 4

# 바카라 게임

## 제1절 바카라 게임의 이해

### 1 바카라 게임의 역사

바카라 게임(Baccarat game)은 일명 '푼토 반코'라고도 하는 게임으로 찰스 8세 때부터 프랑스에서 이탈리아까지 널리 유행한 게임이며, 이 게임은 도박사 Falguire가 고대 Etruscan의 아홉 신들의 의식을 기초로 하여 만들었다고 전한다.

게임에는 미니 바카라(mine baccarat), 미디 바카라(midi baccarat), 메인 바카라(main baccarat or large baccarat)의 3가지 종류로 구분되어 있다.

바카라 게임은 1~12명까지 게임을 할 수가 있으며, 정해진 규칙에 의해서 카드로 진행되는 게임이다. 미니, 미디(mine, midi baccarat)의 경우 6덱(deck)으로 진행하며, 메인바카라 (main baccarat)의 경우 레드(red)와 블루(blue) 카드를 혼합하여 8덱(deck)으로 게임을 진행시킨다. 바카라 게임은 카드의 합이 '9'가 제일 높은 숫자이며, 카드에 표시되어 있는 숫자대로만 카운팅(counting)하면 된다. 카드의 합계가 '10' 이상일 경우 '10'을 제외한 나머지 숫자로서 게임을 진행한다.

테이블에는 플레이어(player) 측과 뱅커(banker) 측의 2개 사이드(sied)가 있으며 플레이어는 어느 한쪽을 선택하여 베팅할 수가 있다. 승자의 결정 방법은 카드의 밸류(value)가 '9'나 '9'에 가까운 쪽이 승리자가 되며 밸류(value)가 같을 경우에는 타이(tie)가 된다.

바카라 게임의 경우 다른 카지노 게임과는 달리 '하이 리미트 플레이어(high limit player)를 대상으로 하는 게임이며, 특히 메인바카라(main baccarat) 게임의 경우 금액이 크기 때문에 다른 카지노 게임과 분리시켜 별도의 장소에서 게임을 실시하는 것이 일반적이다. 또한 카지노 측에서도 경험이 풍부하고 숙련된 딜러를 배치하여 게임을 진행시킨다.

바카라 게임은 진행방법이 간단하여 다른 카지노 게임처럼 별도의 작전이나 옵션이 필요가 없다. 일단 게임이 진행되어 카드가 드로잉(drawing)되면 플레이어(player) 측 또는 뱅커(banker) 측 어느 쪽에 베팅하는지 관계없이 일정한 규칙에 의해 게임은 자동적으로 진행되며, 게임은 보통 1분이면 원 라운드(one round)가 빠르게 완료가 되는 게임이다.

바카라 게임 중 미니 바카라(mine baccarat) 게임은 카드를 딜러가 핸드링하지만 미디, 메인(mine, midi baccarat) 게임의 경우 플레이어에게 카드를 드로잉시켜 직접 플레이어가 카드를 오픈하게 한다. 카드를 드로잉(drawing)할 때에는 양 사이드(sied) 쪽 테이블에 가장 많이 베팅을 한 플레이어에게 카드를 건네준다.

바카라 게임은 승률이 뱅커(banker) 측이 0.15%가 많기 때문에 뱅커(banker)가 승리할 경우에는 5%의 커미션(commission)을 카지노에서 Take한다.

## 2 바카라 게임의 정의

고객은 플레이어와 Banker 중 한쪽을 선택하여 Betting할 수 있으며 정해진 Rule에 의하여 플레이어와 Banker 중 카드의 값이 '9'에 가까운 쪽이 이기는 Game이며 3장의 합이 "0"일 경우를 바카라라 한다.

Banker 쪽이 이긴 경우 Dealer가 5%의 커미션(commission)을 Take한다. 카드의 값이 같은 경우, 무승부(Tie)가 된다.

# 제2절 바카라 종합딜링

## 1 Burning Card

1) 게임을 시작하기 전에 버리는 카드로 게임이 시작되기 전에 실시한다.
2) 버닝 카드라고 Calling을 한다.
3) 처음의 카드를 오픈하여 나온 숫자만큼 페이스다운으로 카드를 뽑는다.

## 2 Open Game

1) 셔플이 끝나고 한 슈가 시작될 때 한다.
2) Open Game!이라고 Calling을 한다.
3) Player / Banker / Player / Banker 순으로 Calling 하면서 Drawing한다.
4) Rule에 의하여 1Game 진행한다.

## 3 Calling

1) Counting Mistake 방지 및 부정 방지를 위함이다.

2) Calling과 손동작은 일치해야 한다.

| 순서 | 콜링 | 비 고 |
|---|---|---|
| 1 | Bets down please.<br>(게임을 시작하면서 콜링한다.) | 플레이어 베팅 유도 |
| 2 | Any more bet.<br>(베팅이 80%된 상태에서 콜링) | 플레이어의 신속한 베팅을<br>유도하기 위함 |
| 3 | No more bet, please.<br>(베팅이 완료된 상태에서 콜링) | 베팅 종료 알림 |
| 4 | Card for Player Card for Banker | 첫 번째와 두 번째 카드의 배분 |
| 5 | Player's / Banker's. | 세 번째와 네 번째 카드의 배분 |
| 6 | Player○○ / Banker(also)○○ | 플레이어 / 뱅커 두 장<br>카드의 합을 콜링 |
| 7 | Player Pair (no Pair) Banker Pair (no Pair)<br>Player, Banker Pair(no Pair) | 페어 테이크 & 페이<br>플레이어 / 뱅커 각 핸드의 카드가<br>동일한 숫자일 때 |
| 8 | Both side draw | 양쪽 다 받아야 할 경우 |
| 9 | One more card for player,<br>Draw 00, Makes 00 | 숫자가 변동이 있을 때 |
|  | One more card for player,<br>Draw zero, Still ○○ | 숫자가 변동이 없을 때 |
|  | One more card for player,<br>Draw ○○, Also ○○. Tie hand. | 플레이어 / 뱅커의 값이 동일 |
| 10 | Player (or Banker) Win | 위닝 사이드를 알리는 콜링 |

## 4 Card Drawing

정해진 Rule에 따라 파지법을 이용하여 정확하고 보기 좋게 카드를 분배하는 동작을 말한다.

### 1) Player / Banker 카드를 뽑는다.

- ③번에 힘을 조금 주고 다음 ②③④ 순으로 카드를 뽑는다.
- 카드를 뽑을 때 손가락에 힘을 주지 말고 부드럽게 뽑는다.
- 조금 스피드 있게 뽑는다.

### 2) Player / Banker의 두 번째 카드를 뽑아 겹친다.

- Player 카드 뽑을 때 Banker 1st 카드에 닿지 않도록 한다.
- 카드를 겹칠 때는 ②번을 사용해 조금 눌러주는 느낌으로 올려준다.

3) Player Side부터 오픈한다.

4) ②, ③, ④를 이용해 가지런히 어레인지한다.

- 어레인지할때에는 ②③④를 이용하여 두 장의 카드를 이동 정리한다. (이때 손가락을 구부리지 말되 손끝 1마디 정도는 카드의 윗면에 대어 준다.)
- 어레인지가 끝난 후 카드에서 손을 뗄 대는 자연스럽게 손톱을 이용하여 카드가 손에 붙지 않도록 한다.
- Player는 중앙선 / Banker는 플레이어 카드에서 1cm 정도 띄운 위치에 놓는다. (카드 놓는 위치는 Lay out에 따라 달라질 수 있다.)
- Banker Side 오픈 시 3rd 카드를 더 뽑아야 하는 경우에는 공간을 더 둔다.

### 5) Player 3rd 카드를 뽑는다.

- 3rd 카드는 카드를 수평하게 drawing한다.
- 3rd 카드를 왼손에서 오른손으로 전달할 때는 슈에서 너무 멀지 않도록 슈 앞에서 Join하도록 한다.

### 6) Rule에 의해 Banker Card를 뽑는다.

## 5 Player Card Rule

| 처음 두 장 카드의 합 | 플레이어 세 번째 카드 |
|---|---|
| 1, 2, 3, 4, 5, 0 | Always Draw(뱅커의 핸드가 내추럴이 아닐 때) |
| 6, 7 | Stand on |
| 8, 9 | Natural(뱅커의 세 번째 카드를 드로잉할 수 없음.) |

## 6 Banker Card Rule

| 처음 2장 Card의 합 | Draw (Player's 3rd Card가 아래와 같을 때) | Does Not Draw (Player's 3rd Card가 아래와 같을 때) |
|---|---|---|
| 0, 1, 2 | Always Draw(플레이어의 핸드가 내추럴이 아닐 때) | |
| 3 | 1,2,3,4,5,6,7,9,0 | 8 |
| 4 | 2,3,4,5,6,7 | 1,8,9,0 |
| 5 | 4,5,6,7 | 1,2,3,8,9,0 |
| 6 | 6,7 | 1,2,3,4,5,8,9,0 |
| 7 | Stands | |
| 8, 9 | Natural (플레이어의 세 번째 카드를 드로할 수 없음) | |

- Stands on : 더 이상 카드를 받지 않음
- Natural(Turns Card Over) : 양측 모두 추가 카드를 받지 않음.

## 7 Pair

딜러가 플레이어와 뱅커 사이드에 각 두 장씩 드로잉을 하는데 두 장의 카드가 같은 숫자일 경우 베팅한 금액의 11배를 페이하는 옵션을 말한다.

## 8 Take & Pay

### 1) Take

① 일반적으로 Tie ⇒ Player ⇒ Banker Betting 순으로 Take한다.

② Lose된 칩스는 Rack 앞에 왼쪽부터 Take한 순서대로 놓아둔다.

### 2) Pay

① 고액과 저액이 혼합되어 있는 경우 반드시 금액별로 나누어 고액부터 페이한다.

② Lose된 칩스로는 페이하지 않는다.

## 9 No Commission

1) Banker의 합이 6로 Winning한 경우에만 Betting 금액의 50%만 페이한다.
2) Banker의 합이 6로 Winning한 경우 Marker (Banker 6)를 Banker 카드 위에 올려놓고 Take & 페이한다.
3) Marker의 위치
   - Banker 카드 2장일 경우 : 2장의 카드 사이
   - Banker 카드 3장일 경우 : 중간 카드 위쪽

## 10 게임이 끝난 후 Chips Arrange와 Card Arrange

페이가 끝난 후 마지막에 카드 및 칩스를 정리하는 동작.

### 1) Chips Arrange

① Rack 앞에 Take한 칩스들은 카드 Take가 끝나면 금액별로 정리한다.

② 정리는 양손으로 해도 무방하다.

③ Color가 섞여있는 경우에는 Spread하여 섞이지 않도록 주의하여 정리한다.

④ 카드는 칩스의 정리가 다 끝난 후에 Take하여 Discard Holder에 넣는다.

### 2) Rack 정리

| | |
|---|---|
| Table Close 시 | 20개 / 10개 / 5개 단위로 Marking을 꽂아놓는다. |
| 게임 중 | 사용이 빈번한 줄은 Marking을 빼둔다.<br>단) 100만원 칩스는 5개 단위까지 Marking 해 놓는다. |

## 11 Indicate Card 처리법

Game 중 Indicate 카드가 나오거나 Shoe 입구에 카드가 보이는 경우 게임의 종료를 알리는 동작.

① Indicate 카드를 뽑는다.

② 오른손으로 Indicate 카드를 앞면이 보이도록 잡고 좌에서 우측으로 낮고 신속하게 지나면서 “Last Card”라고 Calling한다.

③ Indicate 카드를 Rack의 우측 옆에 세로로 놓는다.

④ Game 중에 나오면 해당 Game만 진행한 후 종료한다.

또한, Shoe 입구에 보이는 경우와 해당 Game이 Tie로 종료될 경우도 게임을 종료한다. (*인디케이트 처리방법은 카지노마다 상이할 수 있음.)

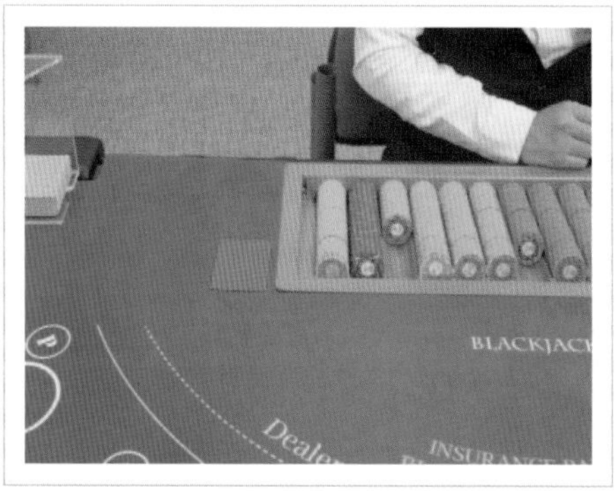

## 평가 방법

아래와 같은 내용으로 평가한다.

| 항목 | 항목별 내용 | 배점 | 점수 | | | | 비고 |
|---|---|---|---|---|---|---|---|
| | | | 탁월(5) | 우수(4) | 보통(3) | 미흡(2) | |
| B/C | Card Spread | | | | | | |
| | Card drawing | | | | | | |
| | Card shuffle | | | | | | |
| | Card take | | | | | | |
| | Card counting | | | | | | |
| | Chips take | | | | | | |
| | Chips pay | | | | | | |
| | Player rule 숙지여부 | | | | | | |
| | Banker rule 숙지여부 | | | | | | |
| | Card arrange | | | | | | |
| | Tie bet 처리방법 | | | | | | |
| | Pair bet calling | | | | | | |
| | Commission 정확성 및 신속성 | | | | | | |
| | No commission 숙지여부 | | | | | | |
| | Difference chips 파악 | | | | | | |
| | Color Change | | | | | | |
| | Money Selling | | | | | | |
| | Limit 확인 | | | | | | |
| | 근무교대 시 자세 (인사, 표정, 복장 등) | | | | | | |
| | 전체 콜링 | | | | | | |
| | 총점: | | | | | | |

Chapter

# 5

# 카지노운영관리사 자격검정 필기시험 대비



카·지·노·운·영·관·리·사·시·험·대·비

NCS를 활용한 카지노 운영관리

카지노운영관리사 시험대비

Chapter 5

# 카지노운영관리사 자격검정 필기시험 대비

## 제1절 카지노운영관리사 필기시험 모의문제

### 모의문제 1 카지노운영관리사 자격검정 필기시험

**01 룰렛 게임의 역사에 대한 설명이다. 틀린 것은?**

① Roulette이라는 단어는 Franch의 "Roue"(Wheel)+Italian의 "Ette"(Small)의 합성어이다.

② 바퀴의 어떤 종류, Small Wheel, Rlooer 등 글자 그대로의 뜻이다.

③ 프랑스의 수도사가 옛날부터 전해져 오는 마차 바퀴놀이를 변형시켜 만들었다는 설이 있다.

④ 룰렛에서 1에서 36까지의 숫자를 전부 합하면 999가 되며 수학자 파스칼이 축소형 바퀴모양을 만들어 시도하면서 "Roulette"이라고 이름을 지었다.

**02 룰렛 게임의 확률에 대한 설명이다. 맞는 것은?**

① 유럽식의 룰렛 게임은 당첨가능한 모든 경우의 수는 38가지이다.

② 유럽식 Single Number Bet의 확률은 2.7%이다.

③ 미국식의 룰렛 게임은 당첨가능한 모든 경우의 수는 37가지이다.

④ 미국식 0, 00의 승률은 3.26%이다.

**03** 룰렛 게임 진행절차에 필요한 실무용어이다. 틀린 것은?

① Column Bet : 세로로 3등분된 위치에 베팅하는 것.

② Street Bet : 3개 번호에 베팅하는 것.

③ Quarter Bet : 4개 번호가 만나는 지점에 베팅하는 것.

④ Six Number Bet : 1,2,3과 0,00의 번호가 교차되는 지점에 베팅하는 것.

**04** Inside 배수에 대한 설명이다. 맞는 것은?

① 스트레이스벳 37배이다.

② 화이브 넘버벳 5배이다.

③ 스트레이드벳에 칩스가 5개 있으면 175개를 페이한다.

④ 스플릿벳에 칩스 6개와 스퀘어벳에 칩스 6개가 있으면 총 160개를 페이한다.

**05** 룰렛 게임 방법 중 Take하는 순서를 바르게 나열한 것은?

1. Spin을 한다.
2. Winning number를 Marker를 올려 놓는다.
3. Winning number를 Calling한다
4. 먼 곳에서 가까운 곳의 순서대로 lose된 칩스를 Take한다.
5. 다시 한 번 Winning number를 확인한다.
6. Winning number 주변을 정리한다.
7. 페이는 먼 곳부터 Outside-Inside 순서로 페이한다.
8. 레이아웃에 잘못 Take된 칩스가 있는지를 확인한다.

① 1 → 2 → 3 → 4 → 5 → 6 → 7 → 8

② 1 → 3 → 2 → 5 → 4 → 6 → 8 → 7

③ 1 → 2 → 4 → 3 → 6 → 8 → 7 → 5

④ 1 → 3 → 2 → 5 → 4 → 6 → 7 → 8

**06** **카드 셔플 완료 후에 플레이어에게 커팅을 받는 카드로, 카드 맨 뒷부분의 일정 매수에 이것을 삽입하여 게임 도중 이 카드가 나오면 게임의 마지막을 알리는 역할을 한다. 이 카드를 무엇이라고 하는가요?**

① 버닝 카드　② 이니셜 투 카드
③ 홀 카드　④ 인디케이트 카드

**07** **블랙잭 게임 진행 시 플레이어가 더 이상의 추가카드를 받지 않겠다는 의사 표시를 전달하는 수신호를 무엇이라고 하는가요?**

① 히트(Hit)　② 스테이(Stay)
③ 서렌더(Surrender)　④ 스탠드(stand)

**08** **블랙잭 게임 진행 시 딜러카드의 합이 (　) 이상이면 더 이상의 추가카드를 받지 않는다. (　)안에 적당한 숫자를 고르시오.**

① 16　② 17
③ 18　④ 21

**09** **블랙잭 게임 옵션에 관한 설명 중 틀린 것을 고르시오.**

① 인슈어런스(Insurance)는 딜러카드의 블랙잭 가능성에 대비하여 오리지널 베팅의 1/3 범위 내에서 베팅할 수 있다.
② 서렌더(Surrender)란 플레이어가 최초 두 장의 카드를 받고 나서 처음 베팅한 원금의 반을 포기하겠다는 게임 의사 표현이다.
③ 스플릿(Split)은 이니셜 투 카드(Initial Two 카드)가 동일해야 스플릿이 가능하다.
④ 더블 다운(Double Down)은 이니셜 투 카드(Initial Two 카드)에서 베팅을 추가하는 행위로 단 한 장의 추가 카드만을 받는다.

**10** **바카라 게임에 대한 설명이다. 틀린 것은?**

① 바카라(Baccarat)의 뜻은 이탈리아 말로 0을 의미한다.

② 타이를 제외하고 뱅커와 플레이어가 나올 확률은 각각 50.68%와 49.32%이다.

③ 플레이어와 뱅커 가운데 카드의 합이 9에 가까운 쪽에 베팅한 사람이 이기는 게임이다.

④ 대체로 저액베팅자들을 위한 게임이다.

**11** **바카라 게임에서 옵션에 맞는 배당금 지급율에 대한 설명이다. 틀린 것은?**

① 플레이어에 베팅한 경우 베팅금액의 1배를 지불한다.

② 뱅커에 베팅한 경우 베팅금액의 0.95배를 지불받으며 나머지 0.05배(5%)는 카지노 측에서 커미션으로 공제한다.

③ 타이에 베팅한 경우 베팅금액의 9배를 지불한다.

④ 페어에 베팅한 경우 베팅금액의 11배를 지불한다.

**12** **바카라 Rule에 대한 설명이다. 틀린 것은?**

① "A" 카드는 1로 읽는다.

② 10, J, Q, K는 0으로 읽는다.

③ 뱅커의 카드의 합이 5일 경우 플레이어 사이드 3번째 카드의 숫자가 2,3,4,5,6,7일 경우 뱅커 쪽의 카드를 Draw한다.

④ 플레이어 카드의 합이 6,7일 경우는 세 번째 카드를 Draw하지 않는다.

**13** **바카라 전체 Calling에 대한 설명이다. 틀리게 짝지어진 것은?**

① Any more bet. - 플레이어의 신속한 Betting을 유도하기 위함

② Card for player/ Card for banker. - 세 번째와 네 번째 카드의 배분

③ Both side draw - 양쪽 다 받아야 할 경우

④ One more card for player, Draw Zero, Still 00 - 숫자가 변동이 없을 때

**14** **바카라 카드를 Rule에 의해서 Drawing할 때 틀린 것은?**

① 카드를 겹칠 때는 손가락 ②번을 사용해 조금 눌러주는 느낌으로 올려 준다.

② 손가락을 구부리지 말되 손끝 2마디 정도는 카드의 윗면에 대어 준다.

③ 어레인지가 끝난 후 카드에서 손을 뗄 대는 자연스럽게 손톱을 이용하여 카드가 손에 붙지 않도록 한다.

④ Banker Side 오픈 시 3rd 카드를 더 뽑아야 하는 경우에는 공간을 더 둔다.

**15** **다음 중 웹패드(Wep Pad)에 대한 설명 중 틀린 것은?**

① 게임 테이블에 부착된 전산 시스템으로 소형 액정 화면에 펜인식 터치스크린 방식이다.

② 고객이 게임 참여 시 고객카드를 웹패드에 입력한다.

③ 고객의 게임사항을 입력한다.

④ 딜러의 게임 진행과 관련한 근무사항을 입력한다.

**16** **미국에서 카지노산업이 성공하게 된 요인이 아닌 것은?**

① 입법가와 지역사회가 새로운 세원과 지역개발을 도모할 목적으로 카지노 사업장 도입을 지지해왔다.

② 카지노게임을 합법적인 여가활동으로 인식하며 어른 4명 중 3명은 카지노 게임을 "흥겨운저녁나들이"로 간주하고 있다.

③ 카지노사업자들은 일반관광객인 저액베팅자를 유치하기 위한 마케팅활동을 지속적으로 전개해왔다.

④ 게이머들이 점점 증가하고 있다.

**17** **오늘날 미국의 라스베이거스에 대한 설명 중 틀린 것을 고르시오.**

① 휴양의 도시

② 각종 놀이시설과 테마파크

③ 대형 컨벤션센터의 건립

④ 자연 휴양림

**18** **싱가포르 카지노산업에 대한 설명 중 틀린 것은?**

① 싱가포르에서는 카지노의 사회적 부작용에 대한 우려에도 불구하고 관광객 유치를 위하여 2개의 카지노를 허가했다.

② 카지노 엔터테인먼트 및 컨벤션센터를 포함한 종합휴양리조트를 건설하여 아시아 관광객을 유치할 목적이 강하다.

③ 자국민의 무분별한 카지노 출입을 제한하기 위하여 자국민과 영주권을 소지한 고객이 카지노 입장 시 1일 $100(한화 약 80,000원) 또는 1년 회원권 $2,000(한화 약 1,600,000원)를 구입한 후 입장할 수 있도록 규정했다.

④ 싱가포르 인구 중 90%는 어떤 형태로든 게임을 즐길 정도로 카지노게임은 문화의 일부로 정착되어 왔다.

**19** **카지노종사원의 준수사항과 관련이 먼 것은?**

① 카지노종사원은 법령이 정한 규칙에 어긋나는 게임을 하여서는 아니 된다.

② 카지노종사원은 허가받지 않은 카지노업 영업에 관여하거나 참여할 수 없다.

③ 카지노종사원은 사업자가 정한 복장을 착용하고 단정한 상태를 유지하여야 하며, 고객에게 불쾌감을 주는 태도와행동을 하여서는 아니 된다.

④ 카지노종사원은 카지노고객으로서의 품위도 유지하여야 한다.

**20** **카지노사업자의 결격사유가 아닌 것은?**

① 금고 이상의 실형을 선고받고 그 집행이 끝나거나 집행을 받지 아니하기로 확정된 후 2년이 경과한 자

② 폭력행위 등 처벌에 관한 법률 제4조에 따른 단체 또는 집단을 구성하거나 그 단체 또는 집단에 자금을 제공하여 금고 이상의 형을 선고받고 형이 확정된 자

③ 조세를 포탈(포탈)하거나 「외국환거래법」을 위반하여 금고 이상의 형을 선고받고 형이 확정된 자

④ 19세 미만인 자

**정답** 카지노운영관리사 필기시험 모의문제

01. ④ 02. ② 03. ④ 04. ③ 05. ② 06. ④ 07. ② 08. ② 09. ① 10. ④
11. ③ 12. ③ 13. ② 14. ② 15. ④ 16. ④ 17. ④ 18. ④ 19. ④ 20. ①

## 모의문제 2 카지노운영관리사 자격검정 필기시험

**01 양손의 엄지와 검지를 이용하여 흩어져 있는 칩스를 양손바닥에 약 10~12개씩 모은 뒤 합쳐서 20개를 만드는 행위는 무엇인지 고르시오.**

① Cutting ② Staking
③ Signal ④ Surrender

**02 룰렛 게임 진행절차에 필요한 실무용어이다. 틀린 것은?**

① Column Bet : 세로로 3등분된 위치에 베팅하는 것
② Split Bet : 3개 번호에 베팅하는 것
③ Square Bet : 4개 번호가 만나는 지점에 베팅하는 것
④ Six Number Bet : 1, 2, 3과 0, 00의 번호가 교차되는 지점에 베팅하는 것

**03 룰렛에서 윈 넘버가 정해지고 Take를 하는 순서가 있다. 그 순서가 바른 것을 고르시오.**

① 컬럼 베팅 → 아웃사이드 베팅 → 더즌 베팅 → 인사이드 베팅
② 아웃사이드 베팅 → 더즌 베팅 → 인사이드 베팅 → 컬럼 베팅
③ 더즌 베팅 → 인사이드 베팅 → 컬럼 베팅 → 아웃사이드 베팅
④ 인사이드 베팅 → 컬럼 베팅 → 아웃사이드 베팅 → 더즌 베팅

**04 다음 중 룰렛에서 스핀 시 주의할 사항 중 틀린 것을 고르시오.**

① 휠의 회전과 볼의 방향은 동일 방향으로 해야 한다.
② 볼이 휠 밖으로 튀어나가지 않게 주의한다.
③ 볼이 회전하는 동안 휠의 속도를 인위적으로 조절하여서는 안 된다.
④ 볼이 휠 트랙에 밀착되면 바로 스핀해야 한다.

**05** 다음 중 룰렛에서 스트레이트벳의 배수는 몇인지 고르시오.

① 6배　② 17배
③ 8배　④ 35배

**06** 다음 중 룰렛에서 split bet의 배수는 몇인지 고르시오.

① 11배　② 17배
③ 8배　④ 35배

**07** 다음 중 룰렛에서 5 number bet의 배수는 몇인지 고르시오.

① 11배　② 6배
③ 5배　④ 17배

**08** 블랙잭 게임 시 딜러가 가진 2장의 카드 중 다운되어져 있는 카드를 무엇이라 하는지 고르시오.

① 버닝 카드
② 인디케이트 카드
③ 홀 카드
④ 추가 카드

**09** 블랙잭 게임 시 딜러의 오픈 카드가 "A"일 경우 딜러의 블랙잭일 가능성을 예상하고 플레이어의 베팅손실을 전액 또는 부분적으로 만회하려는 일종의 옵션이다. 이것은 무엇인지 고르시오.

① 인슈어런스
② 이븐 머니
③ 써렌더
④ 더블 다운

**10** **다음 중 블랙잭 게임 시 스플릿에 대한 설명 중 틀린 것을 고르시오.**

① 스플릿 수신호를 함으로써 의사를 밝힌다.

② 스플릿 시 오리지널 베팅의 동일 금액만을 추가 베팅해야 한다.

③ 10, J, Q, K는 동일한 카운트(10)으로 스플릿이 가능하다.

④ 고객은 원하는 만큼 스플릿을 할 수 있다.

**11** **블랙잭에서 더 카드를 받지 않겠다는 의사표시를 무엇이라 하는가?**

① 히트(Hit)　② 스테이(Stay)

③ 서렌더(Surrender)　④ 스탠드(Stand)

**12** **블랙잭 게임 진행에서 카드 드로잉 관련 지침 중 틀린 것은?**

① 카드가 슈(Shoe)에서 나오기 전에 각 테이블의 리밋(Limit)을 확인하여야 한다.

② 카드는 딜러의 왼쪽에 있는 플레이어부터 드로잉하여야 한다.

③ 각 플레이어에게 분배된 두 번째 카드는 첫 번째 카드의 오른쪽 아래 방향에 놓는다.

④ 딜러의 두 번째 카드는 첫 번째 카드를 페이스업시켜 두 번째 카드 위에 올려놓는다.

**13** **다음은 Black Jack 게임규칙과 배당에 관한 설명이다. 틀린 것은?**

① Black Jack은 처음 두 장의 카드 합이 21일 경우를 말하며 1.5배의 페이를 받는다.

② Bust는 고객카드 합이 21을 초과한 것을 의미하며 베팅금액을 잃게 된다.

③ Push의 경우 베팅금액은 반환되며, 10 · King · Queen · Jack은 10으로 계산한다.

④ 고객은 17 이상이 되면 무조건 Stay한다.

**14** 바카라 게임에서 뱅커 처음 2장의 카드 합이 "3"일 경우 플레이어의 3rd 카드 "□" 경우는 뱅커 3rd 카드를 받지 않는다. "□"에 해당하는 것은 어느 숫자인지 고르시오.

① 0,1 ② 8
③ 2, 3, 4, 5 ④ 4, 5, 6, 7

**15** 바카라에서 뱅커의 승률이 일반적으로 0.05% 높기 때문에 이겼을 경우 5%의 커미션을 공제한다. 뱅커가 윈인 경우, 뱅커가 1,350,000원이 베팅되어져 있다. 커미션은 얼마인가?

① 135,000원 ② 67,500원
③ 35,000원 ④ 27,000원

**16** Baccarat 게임에 대한 설명이다. 틀린 것은?

① 바카라(Baccarat)의 뜻은 이탈리아 말로 0을 의미한다.
② 타이를 제외하고 뱅커와 플레이어가 나올 확률은 각각 50.68%와 49.32%이다.
③ 플레이어와 뱅커 가운데 카드의 합이 9에 가까운 쪽에 베팅한 사람이 이기는 게임이다.
④ 페어란 뱅커 측 카드의 합과 플레이어 측 카드의 합이 같은 경우이다.

**17** Baccarat 게임 용어에 대한 설명이다. 틀린 것은?

① Commission : 뱅크가 이길 경우 카지노에서 수수료로 걷어들이는 금액
② Difference Limit : 메인 바카라 게임에서 사용하는 Limit로 플레이어 핸드와 뱅크핸드 베팅의 차액을 허용하는 Limit이다.
③ Baccarat : 바카라 게임에서 "0"이라는 의미
④ Tie : 플레이어 뱅커에서 받은 각각의 카드숫자가 같을 때 쓰인다.

**18** **다음은 Baccarat 게임 베팅에 관한 설명이다. 틀린 것은?**

① 게임을 시작하기 전에 플레이어는 각 좌석 앞에 지정되어 있는 Betting zone에 베팅을 완료해야 한다.
② Pair Bet의 베팅 당첨금액은 11배이다.
③ 첫 번째 카드가 딜링된 후에 베팅의 수정 및 취소는 상황에 따라 인정할 수 있다.
④ 플레이어 측의 Winning Bet은 1:1 비율로 지불, Banker 측의 Winning Bet은 0.95:1 비율로 지불−Tie Bet이 당첨될 경우에는 베팅금액의 8배 지불한다.

**19** **카지노사업자의 지도와 명령은 누가하는가?**

① 문화체육관광부장관　② 시장
③ 도지사　④ 경찰 또는 검찰

**20** **카지노 허가 내용과 관련이 없는 것은?**

① 해당 관광호텔업이나 국제회의시설업의 전년도 외래 관광객 유치실적이 문화체육관광부장관이 공고하는 기준에 맞을 것
② 카지노업의 건전한 육성을 위하여 도지사가 공고하는 기준에 맞을 것
③ 사업계획의 수행에 필요한 재정능력과. 현금 및 칩의 관리 등 영업거래에 관한 내부 통제방안이 수립되어 있을 것
④ 외래 관광객 유치계획 및 장기 수지전망 등을 포함한 사업계획서가 적정할 것

**정답**　카지노운영관리사 필기시험 모의문제

01. ② 02. ④ 03. ① 04. ① 05. ④ 06. ② 07. ② 08. ③ 09. ① 10. ④
11. ④ 12. ③ 13. ④ 14. ② 15. ② 16. ④ 17. ④ 18. ③ 19. ① 20. ②

## 모의문제 3 카지노운영관리사 자격검정 필기시험

**01** 1960년대 우리나라에 카지노 도입의 근거가 된 최초의 법률은?

① 복표발행현상기타사행행위단속법

② 사행행위 등 규제법

③ 관광진흥법

④ 관광사업법

**02** 다음 중 카지노의 어원은 무엇인지 고르시오.

① 카자(Casa)
② 게이밍(Gaming)
③ 겜블링(Gambling)
④ 내기(Wager)

**03** 칩스를 다루는 딜러의 기본기를 의미하며, 소정의 개수를 칩스를 가지고 정확히 조합해 냄으로써 칩스의 개수 확인을 용이하게 해주는 행위이다. 이것은 무엇인지 고르시오.

① 칩스 take
② 칩스 push
③ 칩스 pay
④ 칩스 cutting

**04** 손가락 끝부분을 칩스와 칩스 사이의 홈에 대고 안전하고 신속하게 플레이어에게 전달하는 기술이 무엇인지 고르시오.

① Staking
② Push
③ Cutting
④ 칩스 take

**05** 다음은 칩스 커팅에 관한 설명이다. 틀린 것은?

① 칩의 개수를 확인하는 동작으로 Drop Cutting과 Slide Cutting이 있다.

② 2, 3, 4, 5개 단위로 커팅한다.

③ 위에서 아래 방향으로 칩스를 끊어준다.

④ 커팅이 끝난 후에는 개수를 확인시켜주기 위해 스프레드한다.

**06** 게임테이블에서 칩스를 보관하는 기구로 칩스 트레이(Chips Tray)라고도 부르는 기구의 명칭은 무엇인가?

① Rack

② Lay Out

③ Limit Board

④ Money Holder

**07** 다음 중 게임 진행에서 딜러가 수행하는 역할이 아닌 것은?

① 게임준비와 참여 고객을 맞이하고 고객 카드를 입력한다.

② 게임 진행을 위해 칩스를 판매하고 카지노 영업 지침에 근거하여 게임을 진행한다.

③ 필요시에 칩스 필(fill) · 크레딧(credit)을 칩스출납에 요청한다.

④ 고객의 칩스 이동과 게임 상황을 관찰하고 보호 관장할 수 있다.

**08** Burning Card에 관한 설명이다. 틀린 것은?

① 오른손을 이용하여 슈에서 카드를 뽑으며 버닝카드라고 콜한다.

② 두 장 뽑은 버닝카드를 Face down으로 Discardholder에 넣는다.

③ 버닝카드를 디스카드홀더에 정리하여 넣고 게임을 시작한다.

④ 버닝카드는 카드의 흠집을 확인하는 데 있다.

**09** **다음 중 베팅의 종류가 아닌 것은?**

① Original Betting
② Second Betting
③ Split Betting
④ Insurance Betting

**10** **다음은 Chips Color Change에 관한 설명이다. 틀린 것은?**

① 딜러는 고객의 칩스를 받아 "Color Change"라고 Call하고 스프레드한 후 "Check Color Change 0원"이라고 콜한다.
② 고액을 저액으로 바꾸어 주는 경우 저액의 칩스를 5개씩 커팅한다.
③ 환전 관리자에게 확인시킨다.
④ Value가 서로 다른 칩스를 바꾸는 행위이다.

**11** **Indicate 카드 처리법에 대한 설명이다. 틀린 것은?**

① 오른손으로 Indicate 카드를 앞면이 보이도록 잡고 좌에서 우측으로 낮고 신속하게 지나면서 "Last 카드"라고 Calling한다.
② Indicate 카드를 Rack의 우측 옆에 세로로 놓는다.
③ Game 중에 나오면 해당 Game만 진행한 후 종료한다.
④ 해당 Game이 Tie로 종료될 경우 한 Game 더 진행하되, 연속해서 Tie가 나오는 경우에는 5번까지 가능하다.

**12** **룰렛 게임에서 각 배수의 명칭이 맞게 이어진 것은?**

35배수(　　　) 8배수(　　　) 11배수(　　　) 6배수(　　　)

① Straight bet - Square bet - Street bet - Five number bet
② Street bet - quarter bet - straight bet - 6 line bet
③ Split bet - Square bet-Street bet - 5 number bet
④ Straight bet - Street bet - Square bet - 6 number bet

**13** **룰렛 게임 진행순서에 따른 전체 Calling에 대한 설명이다. 틀린 것은?**

① 모든 상황을 플레이어와 관리자에게 들리도록 명확히 Calling한다.
② Bats down please : 70~80% Betting이 이루어진 후 레이아웃에 정확하게 Betting이 되어져 있는지 확인하면서 콜링(Calling)한다.
③ Ball's going down : Ball이 떨어지기 2~3바퀴 전에 종을 치라는 뜻이다.
④ Calling은 먼저 당첨번호를 Calling하고 색깔과 홀수 또는 짝수 순서대로 한다.

**14** **다음은 어떤 동작에 대한 설명인가요?**

> 테이블에서 고객이 가져온 화폐를 칩스로 교환하는 동작을 말한다.

**15** **바카라 게임 종료 후에 칩스와 카드 어레인지에 대한 설명이다. 틀린 것은?**

① Rack 앞에 Take한 칩스들은 카드 Take가 끝나면 금액별로 정리한다.
② 정리는 양손으로 해도 무방하다.
③ Color가 섞여있는 경우에는 Spread하여 섞이지 않도록 주의하여 정리한다.
④ 카드는 칩스의 정리하기 전에 미리 Take하여 Discard Holder에 넣는다.

**16** **다음은 Baccarat Game에 관한 설명이다. 틀린 것은?**

① 바카라는 엄격한 규칙(Baccarat Player's and Baccarat'a Rules)에 의하여 게임이 진행되므로 Player 측의 카드를 먼저 오픈함을 원칙으로 한다.
② 양측에 카드는 바카라 규칙에 의거하여 다섯 번째, 여섯 번째 카드까지 배분되어야 승부가 결정된다.
③ 게임 도중 인디케이트 카드가 나오면 해당 게임을 종료시킨다.
④ 양측의 합이 동일할 경우에는 Tie가 되며 Tie에 베팅한 배당금 8배를 지급한다.

**17** **다음 중 게임 진행에서 딜러가 수행하는 역할이 아닌 것은?**

① 게임 준비와 참여 고객을 맞이하고 고객 카드를 입력한다.
② 게임 진행을 위해 칩스를 판매하고 카지노 영업 지침에 근거하여 게임을 진행한다.
③ 필요 시에 칩스 필(fill) · 크레딧(credit)을 칩스출납에 요청한다.
④ 고객의 칩스 이동과 게임 상황을 관찰하고 보호 관장할 수 있다.

**18** **다음 중 테이블 게임 진행 시, 딜러의 역할 중 옳지 않은 것은?**

① 해당 게임을 진행하며 상황별로 고객을 응대할 수 있다.
② 테이블 운영 중 문제가 발생하였을 경우 직접 처리할 수 있다.
③ 고객 요청 시 칩스를 체인지할 수 있다.
④ 테이블 게임 종료 시 칩스를 정리하고 뱅크롤(bankroll)을 작성할 수 있다.

**19** **테이블 게임 진행 시 상황별 고객 응대 방법 중 올바르지 않은 것은?**

① 고객이 칩스를 놓고 간 경우에는 칩스의 금액과 고객의 용모를 정확히 인수인계한다.
② 고객이 돈을 따는 경우 진심으로 기뻐하며 축하해 주고, 약간의 팁을 강요하는 듯한 표정이나 행동을 해도 좋다.
③ 게임을 하지 않는 고객이 자리에 앉아 있는 경우에는 게임에 참여하는 고객만이 좌석에 착석할 수 있음을 정중히 설명한다.
④ 어떠한 경우에도 논쟁 자체에 대해서는 고객에게 깊이 사과한다.

**20** **카지노 사업계획서에 포함되지 않은 내용은?**

① 카지노 이용객 유치계획
② 인력수급 및 관리계획
③ 단기수지 전망
④ 영업시설의 개요(영업종류별 카지노기구 포함)

**21 다음 중 카지노와 관련 내용과 거리가 먼 것은?**

① 카지노 관련 법률은 관광기본법과 매우 관련이 있다.

② 문화체육관광부장관이 공공의 안녕, 질서유지 또는 카지노업의 건전한 발전을 위하여 필요하다고 인정하면 카지노 허가를 제한할 수 있다.

③ 카지노사업자의 외화획득 실적은 신규허가와 밀접한 관련이 있다.

④ 문화체육관광부장관은 신규허가를 하려면 미리 허가 세부 기준, 허가가능 업체 수, 허가신청 기간 및 요령 등을 정하여 공고하여야 한다.

**정답** 카지노운영관리사 필기시험 모의문제

01. ① 02. ① 03. ④ 04. ② 05. ② 06. ① 07. ③ 08. ④ 09. ② 10. ③
11. ④ 12. ① 13. ③ 14. Money Selling 15. ④ 16. ② 17. ③ 18. ② 19. ②
20. ③ 21. ④

## 모의문제 4 카지노운영관리사 자격검정 필기시험

**01 다음은 어떤 동작에 대한 설명인가요?**

카드를 순서대로 나열하여 무늬와 숫자 및 카드의 파손여부를 확인하고 오픈 테이블 Display할 때 한다.

**02 어떤 동작에 대한 설명인가요?**

게임을 진행하기 위하여 셔플을 하기 전에 실시하는 1단계 작업이며 카트가 잘 섞이도록 한다.

**03 카드 셔플에 대한 설명이다. 어떤 동작에 대한 설명인가?**

**04 어떤 동작에 대한 설명인가?**

셔플의 마지막 단계에서 실시하는 셔플로 조이닝 상태에서 수평하게 놓아 카드가 골고루 섞였음을 확인시키는 동작.

**05** 어떤 동작에 대한 설명인가?

> 셔플된 카드를 슈에 넣고 게임이 시작되기 전에 두 장의 카드를 Face-Down으로 뽑아 디스카드 홀더에 넣는 동작이다.

**06** 어떤 동작에 대한 설명인가?

> 룰렛에서 한 게임이 종료된 후 테이크되어 모아진 칩스를 양손을 이용하여 동일한 컬러를 신속히 주워 20개 단위로 에이프런에 정돈하는 동작.

**07** 다음은 어떤 동작에 대한 설명인가요?

> Change하려는 고액의 머니칩스를 제로와 더블제로 사이에 놓고 동일한 금액의 play 칩스를 에이프런에서 꺼내어 정돈하고 관리자에게 확인을 받은 후 고객에게 페이한다.

① Money Selling
② Color Change
③ Marking
④ Spin

**08** Indicate Card란 무엇인가?

**09** 룰렛 게임에서 이긴 플레이어에게 당첨금을 지급해주는데 이 때 딜러가 서로 다른 배수를 여러 번 더할 때에 좀 더 쉽고 빠른 진행을 하기 위해서 각각의 2~3개의 다른 배수를 합산해서 하나의 금액으로 또는 배수로 계산하는 계산법을 무엇이라 하는가?

① 모양꼴
② 스트레이트벳
③ Split bet
④ Square bet

**10 블랙잭 게임에서 카드드로잉을 할 때의 착지법에 대한 설명이다. 틀린 것은?**

① 앞 카드를 지나치며 착지한다.

② 팔꿈치를 축으로 아치형을 그리며 착지한다.

③ 카드 높이는 손이 레이아웃에서 50cm쯤 떨어져서 높고 신속하게 수직하강한다.

④ 문양이 식별 가능하도록 한다.

**11 룰렛 게임에서 인사이드 베팅을 계산해서 페이해 보자. 고객에게 몇 개를 페이해야 하는가?**

Straight bet 4개, Split bet 8개, Square bet 8개, Street bet 5개, Six number bet 6개

① 390개 ② 425개

③ 380개 ④ 385개

**12 게임테이블에서 칩스를 보관하는 기구로 칩스 트레이(Chips Tray)라고도 부르는 기구의 명칭은 무엇인가?**

① Rack

② Lay Out

③ Money Holder

④ Limit Board

**13** **게임 진행 시 필요한 칩스와 관련한 내용 중 틀린 것은?**

① 필(Fill)은 게임 진행 중에 칩스가 부족할 경우에 해당 테이블에 칩스를 공급하는 것이다.

② 크레딧(Credit)은 게임 마감 또는 게임 진행 중에 칩스가 너무 많아 칩스 출납에서 칩스를 회수하는 것이다.

③ 리필(Refill)은 게임을 마친 고객이 칩스를 현금으로 교환하기 위해 칩스를 현금 출납으로 가져오면, 출납원이 칩스를 계산하여 현금으로 교환해 주는 것이다.

④ 칩스 체인지(Chips Change)는 고객의 요청에 따라 칩스를 교환해 주는 것이다.

**14** **다음은 Baccarat 게임 Player's Rules에 관한 설명이다. 틀린 것은?**

① 플레이어 측 처음 2장의 카드합이 0, 1, 2, 3, 4, 5일 때 Player third 카드를 받는다.

② 플레이어 측 처음 2장의 카드합이 6, 7일 때 카드를 더 받지 않는다.

③ 플레이어 측 처음 2장의 카드합이 6, 7일 때 Player와 Banker 모두 추가 카드를 받지 않고 승부를 결정(Natural)한다.

④ 플레이어 측 처음 2장의 카드합이 8, 9일 때 Player third 카드를 받는다.

**15** **다음은 Baccarat Game에 관한 설명이다. 틀린 것은?**

① Player 카드와 Banker 카드를 비교하여 9에 가까운 측이 이기는 게임이다.

② 게임 진행 전 처음 2장의 카드를 오픈하여 그 숫자만큼의 카드를 Burning 시킨다.

③ 카드 분배순서는 한 장씩 Face Down으로 하여 첫 카드를 Player, 두 번째 카드를 Banker, 세 번째 카드를 Player, 네 번째 카드를 Banker 순으로 딜한다.

④ Player와 Banker 측에 각 두 장씩 딜링된 후에 Player 측 두 장의 카드를 Player에 Marking된 플레이어에게 절차에 의거하여 제공하고 나머지 두 장은 Banker 측에 Marking된 플레이어에게 제공하여 오픈하도록 한다.

**16** **NO Commssion이란 Banker side의 커미션을 Take하지 않고 플레이어 핸드처럼 Even Pay를 하는 것을 말하는데 단 뱅커 카드의 합이 6으로 이겼을 경우 어떻게 처리하는가?**

**17** **바카라 게임 종료 후에 칩스와 카드 어레인지에 대한 설명이다. 틀린 것은?**

① Rack 앞에 Take한 칩스들은 카드 Take가 끝나면 금액별로 정리한다.

② 정리는 양손으로 해도 무방하다.

③ Color가 섞여있는 경우에는 Spread하여 섞이지 않도록 주의하여 정리한다.

④ 카드는 칩스의 정리하기 전에 미리 Take하여 Discard Holder에 넣는다.

**18** **1988년에 미국에서는 라스베이거스 및 애틀랜틱 시티와는 달리 변형된 형태로 운영되는 독특한 형태의 카지노가 나타나는데 이에 해당되지 않는 것은?**

① 격리된 낙후지역에 도입된 카지노

② 선상카지노

③ 인디언 보호구역 내의 카지노

④ 온라인 카지노

**19** **유럽 카지노에 대한 설명이 아닌 것은?**

① 일찍부터 카지노가 발달하였다

② 미국과 같이 대규모 상업적으로 카지노가 발전하였다.

③ 비교적 소규모 게임시설에 엄격한 회원제로 관리 운영되어 왔다.

④ 유럽에서 현재 인기 있는 카지노는 포커 게임이다.

**20** **카지노사업장 폐쇄조치 사항 중 봉인한 후 봉인을 해제할 수 있는 경우는?**

① 영업을 위하여 꼭 필요한 시설물 또는 기구 등을 사용할 수 없게 하는 봉인

② 해당 영업소의 간판이나 그 밖의 영업표지물의 제거 또는 삭제

③ 해당 영업소가 적법한 영업소가 아니라는 것을 알리는 게시물 등의 부착

④ 봉인을 계속할 필요가 없다고 인정되거나, 해당 영업을 하는 자 또는 그 대리인이 정당한 사유를 들어 봉인의 해제를 요청하는 경우

**정답** 카지노운영관리사 필기시험 모의문제

01. Spread(스프레드) 02. 워싱(Washing) 03. 하프닝(Halfing) / 리프닝(Riffing)
04. 브릿지 셔플(Bridge Shuffle) 05. 버닝카드 06. 스태킹(Stacking) 07. ②
08. Game 중 Indicate 카드가 나오거나 Shoe 입구에 카드가 보이는 경우 게임의 종료를 알리는 카드.
09. ① 10. ③ 11. ② 12. ① 13. ③ 14. ④ 15. ②
16. 오리지날 베팅금액의 50%를 페이한다. 17. ④ 18. ④ 19. ② 20. ④

## 모의문제 5 카지노운영관리사 자격검정 필기시험

**01 우리나라 카지노산업의 발전과정에 대한 설명으로 틀린 것은?**

① 카지노설립의 법적 근거가 된 최초의 법률은 1961년 11월에 제정된 "복표발생현상기타사행행위단속법"이다.

② 카지노가 도입된 배경에는 정부가 경제개발 재원의 확보라는 명제를 해결하기 위해서였다.

③ 2000년 10월말 "폐광지역개발지원에관한특별법"에 의해 강원도 폐광지역에 골프장과 스키장을 개장하였다.

④ 2006년에는 한국관광공사 계열사인 그랜드코리아레저가 세븐럭 카지노를 서울(2개소), 부산(1개소)에 각각 개장하였다.

**02 아래의 그림은 어떤 동작을 나타낸 것인가?**

**03** 아래의 그림은 어떤 동작을 나타낸 것인가?

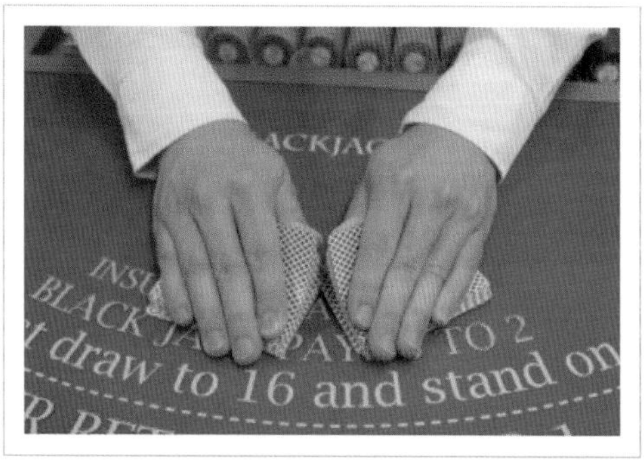


**04** 아래의 그림은 어떤 동작을 나타낸 것인가?

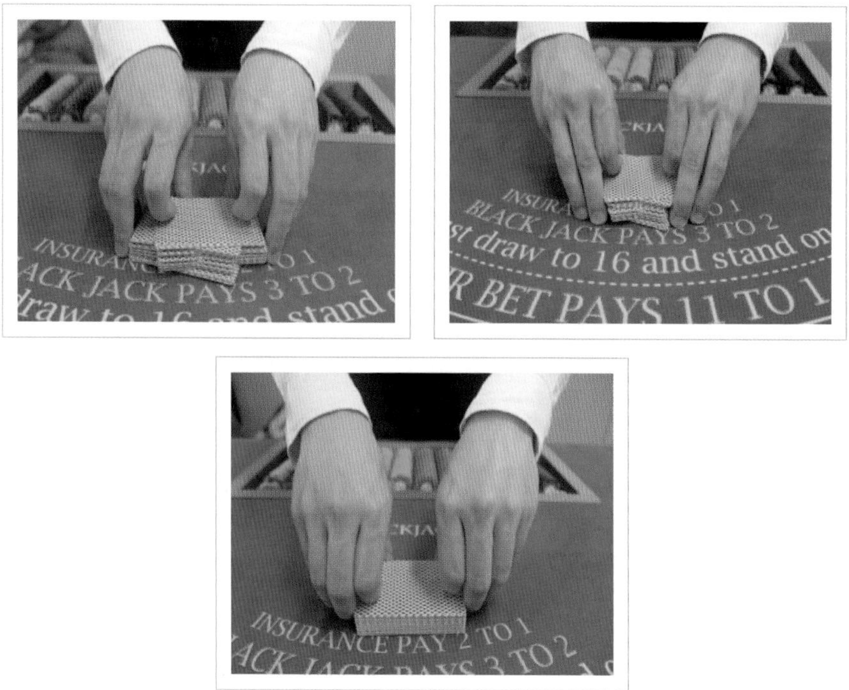

**05** **국내 카지노의 경영형태 중 임대방식의 단점이 아닌 것은?**

① 비용이 많이 든다.

② 임대료와 보증금 지불로 카지노업체의 재정적 부담이 크다.

③ 고액 베팅 고객 위주의 마케팅 전략

④ 호텔의존도가 높기 때문에 호텔과 좋은 유대관계 유지

**06** **카지노 조직부서 중에서 가장 핵심적인 역할을 수행하는 두 부서는?**

① 관리부서 / 판촉부서

② 영업부서 / 출납부서

③ 안전관리부서 / 운영관리부서

④ 환전상 / 전산전문요원

**07** **카지노 영업장, 특히 테이블게임 및 머신게임 주변에 설치된 카메라를 통해 종업원의 부정행위나 고객의 속임수 등 이상한 행동을 주시하며 감시하고, 부정행위나 분쟁발생 시 녹화된 테이프를 근거로 사건을 해결하기도 한다. "하늘의 눈"(Eye in the sky)이라 부르기도 하는 이 부서의 명칭은?**

① 안전관리(Security)부서

② 전산전문 요원

③ 운영관리(Surveillance)부서

④ 판촉 부서

**08** **최근 카지노산업의 흐름에 대하여 바르게 설명하지 않은 것은?**

① 대중관광객을 위한 엔터테인먼트 센터나 테마파크를 건설한다.

② 카지노 고객층을 특수계층에서 일반대중 관광객 계층으로 확대하고 있다.

③ 테이블게임과 시설관리에만 중점을 두고 있다.

④ 도박이란 개념에서 여가활동이란 개념으로 사람들의 인식을 전환하고 있다.

**09** 카지노산업의 경제적인 측면에 대한 설명이 아닌 것은?

① 외화 획득

② 지역경제 활성화

③ 세수확보

④ 여가 활동

**10** 1967년 우리나라 최초로 개장한 카지노의 이름은?

① 인천 올림포스 호텔 카지노

② 속리산 관광호텔 카지노

③ 제주 칼 호텔 카지노

④ 서울 워커힐 호텔 카지노

**11** 최근 국적별 카지노 입장객 현황에서 현저하게 커지고 있는 나라는?

① 일본 ② 싱가포르

③ 중국 ④ 필리핀

**12** 우리나라 외국인전용 카지노 17개 중에서 절반인 8개 업체가 위치해 있음에도 이용객 수가 전체의 10% 미만을 차지하고 있는 지역은?

① 서울 ② 경주

③ 제주 ④ 부산

**13** 안전관리부서의 업무에 해당하지 않는 것은?

① 내국인 출입통제

② 영업장의 질서 유지

③ 고객 및 종사원의 안전

④ 전산시설의 관리

**14** 카지노종사원으로서 테이블게임을 관리하는 1차 중간관리자로 고객과 직접 접하며 딜러와 함께 고객 서비스 측면에서 가장 중요한 임무를 담당하는 사람은?

① 시프트 매니저　　② 핏 보스
③ 플로어 퍼슨　　④ 딜러

**15** 다음의 카지노산업에 대한 설명은 어떤 나라인가?

> 1962년 후탁얌이 사망하자 게임의 특허권은 스탠리 호에게 돌아갔으며 그는 이 나라에 유럽식 게임을 도입했고 호텔을 건설하기 시작했다.

① 싱가포르　　② 마카오
③ 필리핀　　④ 대만

**16** 일본의 카지노산업에 대한 설명 중 틀린 것은?

① 카지노가 공식적으로 인정되지 않는다.
② 동경의 카지노 바는 비교적 좁은 공간에 소규모의 게임시설을 운영하고 있다.
③ 일본인들이 가장 많이 즐기는 게임은 카드 게임이다.
④ 동경을 비롯해 재정난 및 산업부진에 대한 대안으로 카지노 도입을 신중히 검토하는 지방자치단체가 증가하고 있다.

**17** 카지노의 전산시설기준에 포함되어야 할 사항이 아닌 것은?

① 시스템의 안전관리에 관한 사항
② 시스템의 가동 및 장애방지에 관한 사항
③ 하드웨어의 성능 및 설치방법과 네트워크의 구성에 관한 사항
④ 환전관리 및 현금과 칩의 수불관리를 위한 소프트웨어에 관한 사항

**18** **카지노 회계부서의 조직원이 아닌 것은?**

① 경리부장　　② 크레딧 매니저
③ 카운트 팀　　④ 플로어 퍼슨

**19** **카지노영업소 이용자의 준수 사항으로 적당한 것은?**

① 카지노영업소에 입장하는 자는 카지노사업자가 신분 확인 요청에 주민등록증을 제시하여야 한다.
② 카지노영업소에 입장하는 자는 카지노사업자가 내국인임을 확인하기 위하여 신분 확인에 필요한 사항을 묻는 때에는 이에 응하여야 한다.
③ 카지노영업소에 입장하는 자는 카지노사업자가 신분 확인 요청에 필요한 사항을 묻는 때에는 이에 응하여야 한다.
④ 카지노영업소에 입장하는 자는 카지노사업자가 외국인임을 확인하기 위하여 신분 확인에 필요한 사항을 물을 시 이에 응하여야 한다.

**20** **카지노사업자는 카지노업의 건전한 육성 · 발전을 위하여 필요하다고 인정하여 영업 준칙을 지켜야 한다. 다음 중 해당하지 않는 것은?**

① 전산시설 · 환전소 · 계산실 · 폐쇄회로의 관리기록 및 회계와 관련된 기록의 유지 의무
② 게임 테이블의 집전함(집전함) 부착 및 내기금액 한도액의 표시 의무
③ 슬롯머신 및 비디오게임의 최소배당률
④ 30일 최소 영업시간

**정답** 카지노운영관리사 필기시험 모의문제

01. ③ 02. Butting 03. Riffing 04. Joining 05. 4 06. ② 07. ③ 08. ③
09. ④ 10. ① 11. ③ 12. ③ 13. ④ 14. ③ 15. ② 16. ③ 17. ①
18. ④ 19. ④ 20. ④

## 모의문제 6 카지노운영관리사 자격검정 필기시험

**01 각 나라의 카지노산업에 대한 설명으로 알맞은 것을 고르시오.**

① 일본 – 카지노의 사회적 부작용에 대한 우려에도 불구하고 관광객 유치를 위하여 2개의 카지노를 허가했다.

② 프랑스 – 수년 동안 침체상태에 놓여 있다가 최근 제2의 라스베이거스를 꿈꾸고 있어 주변국들을 긴장시키고 있다.

③ 필리핀 – 정치적 불안정으로 카지노는 허가와 폐쇄를 반복하는 변화를 겪고 있다.

④ 한국 – 현재 17개의 카지노가 있으며 외국인전용은 1개소, 내국인출입가능카지노가 16개소이다.

**02 카지노 인사관리는 카지노 운영에 필요한 숙련된 종사원을 (　　) · 조달하여 이를 적극적으로 계획 · 조직 · (　　)하는 일련의 모든 과정을 의미한다. (　　)안의 단어를 알맞게 연결한 것은?**

① 획득 - 통제

② 획득 - 집행

③ 유지 - 통제

④ 개발 - 확인

**03 카지노 인사관리상의 주요 업무 내용이 아닌 것은?**

① 직무분석, 인력수급, 계획, 업무분담

② 종사원모집, 선발과 교육

③ 업무평가, 고용조건과 종사원의 복지후생

④ 고객의 신용정보 및 영업관리

**04** **카지노 CCTV(Cabled Circuit Television) 감독 시스템의 목적으로 알맞지 않은 것은?**

① 직원들의 불평불만을 해소하기 위하여
② 검찰 및 경찰의 규정을 준수하기 위하여
③ 카지노에서 이루어지는 모든 활동의 보안을 유지하면서 비밀스럽고 확실한 감시활동을 하기 위하여
④ 카지노 재산을 보호하고 고객의 불법행위나 미심쩍은 행동을 미연에 방지하기 위하여

**05** **카지노 영업세칙에 의한 CCTV 설치 장소로 알맞지 않은 것은?**

① VIP룸
② 출납창구
③ 환전영업소
④ 잔돈교환소

**06** **마케팅 의사결정 변수들은 대체로 4P's라고 부르며 제품(Product), 가격(Price), 경로(Place), 촉진활동(Promotion)으로 요약될 수 있다. 다음은 무엇에 대한 설명인가?**

> 블랙잭 게임에서는 6덱 게임보다 고객에게 유리한 1덱 또는 2덱의 게임테이블을 많이 제공하거나 바카라 게임에서는 커미션을 4%로 낮추면 하우스 승률이 낮아지게 되면서 고객을 유리하게 하여 게임 참여를 유도할 수 있다.

① 제품
② 가격
③ 경로
④ 촉진

**07** **우리나라 카지노시장을 국적별로 세분화해 볼 때 2010년부터 최근까지 가장 많이 차지하고 있는 표적시장은?**

① 일본
② 중국계 고객
③ 미국
④ 유럽

**08** **베팅액수에 따른 세분화 중 하이롤러에 대한 설명으로 옳지 않은 것은?**

① 프리미엄 플레이어(PremiumPlayer)라고도 부르며 한번에 많은 돈을 베팅하는 이른바 고액베팅자를 말한다.
② 고객들을 많이 유치하면 카지노업체는 큰 수익을 올릴 가능성이 높다.
③ 대규모 카지노에서는 하이롤러를 유치하기 위한 다양한 판촉활동을 벌이고 있다.
④ 우리나라 외국인 전용 카지노의 경우 이런 부류의 고객들이 총 카지노 수입에 기여하는 비중은 그리 높지 않다.

**09** **카지노 고객시장 세분화 중에서 다음은 무엇에 대한 설명인가?**

> 보통 8명 내지는 그 이상으로 구성되며 도박을 목적으로 카지노의 파견요원에 의해 그 카지노에 보내진 단체를 말한다.

① Junkets(정켓) ② 업 앤 백
③ 초대 고객 ④ 패키지 고객

**10** **정켓 프로그램 중에서 다음이 설명하는 게임은 무엇인가?**

> 보통 100만달러 이상 예치한 정켓고객의 승패를 전문모집인과 사전에 계약한 비율(6:4 또는 7:3)으로 나누거나 부담하는 계약 게임이다. 카지노업체는 정켓고객이 예치한 총금액의 7% 정도를 전문모집인에게 지급하며 고객의 항공료, 객실, 식음료를 부담하게 된다.

① 롤링 게임 ② 디스카운트 게임
③ 커미션 게임 ④ 쉐어 게임

**11** 카지노 여행알선 도매업자는 자기고객에 대하여 전문모집인들은 고객이 게임금액을 모두 잃은 경우 고객에게 게임할 돈을 빌려주는 것을 무엇이라고 하는가?

① Seed Money ② Hot Money
③ Money Sale ④ Zero Money

**12** 이들은 카지노업체의 활동성을 높여주는데 많은 역할을 하며 국내 카지노업체에서 저액 베팅을 위주로 자유시간 이용한 게임형태를 지니는 고객이므로 카지노 매출액에 미치는 효과는 매우 낮으나 업장 분위기의 활성화 역할을 하며 장기적인 시점에서 잠재고객으로 볼 수 있다. 이들은 누구인가?

① 패키지 고객 ② vip 고객
③ 초대 고객 ④ 정킷

**13** 카지노업계에서 전통적으로 활용되고 있는 마케팅수단으로 "콤프"는 무엇을 의미하는가?

① 선호게임 ② 무료 서비스
③ 칩스 대여 ④ 평균 베팅 시간

**14** 카지노 고객 데이터베이스의 구축에 대한 설명으로 알맞지 않은 것을 고르시오.

① 고객의 이름과 주소, 게임정보, 기호나 취미 등을 들 수 있다.
② 고객정보를 컴퓨터를 통하여 데이터베이스로 구축해 놓는다면 중요한 마케팅자료로 활용될 수 있다.
③ 고객의 데이터베이스가 구축되면 이를 "최신자료로 갱신하는 작업"이 매우 중요하다.
④ 고객의 개인배경은 프라이버시상 제외한다.

**15** **시프트가 계속되는 동안 특정 테이블은 칩이 모자라 뱅크로부터 칩을 더 가져 올 수도 있고 칩이 많아 뱅크로 보낼 수도 있다. 이렇게 테이블로 칩을 가져오는 경우를 (　　　　)이라 하고 반대로 칩을 테이블에서 가져가는 경우를 (　　　　)이라 한다. (　　)안에 알맞은 말로 연결한 것을 고르시오.**

① 칩크레딧(ChipsCredit) – 칩컬렉션(Chips Collection)

② 칩필(Chips Fill) – 칩컬렉션(Chips Collection)

③ 칩컬렉션(Chips Collection) – 칩필(Chips Fill)

④ 칩크레딧(Chips Credit) – 칩필(Chips Fill)

**16** **카지노와 플레이어 사이에 일어나는 금전거래에 대한 설명 중 옳지 않은 것을 고르시오.**

① 플레이어가 카지노테이블에 앉아 게임을 시작하기 전에 현금을 제시하면 딜러는 그 현금을 세어 드롭박스에 넣고 제시한 현금의 3%를 제한 후 칩으로 교환해 준다.

② 플레이어는 게임 후 남은 칩을 출납원에게 다시 현금으로 교환한다.

③ 플레이어가 케이지에서 교환한 칩의 금액이 처음에 게임하기 위해 교환한 칩보다 많으면 윈이고 반대인 경우 루스(Loss)가 된다.

④ 드롭과 윈은 카지노와 플레이어 사이에서 일어나는 금전의 이동을 나타낸다.

**17** **카지노업체 측면에서 보았을 때 플레이어로부터 딴 돈을 뜻하며 일반사업에서의 순 매출액과 같은 개념이다. 위의 설명은 무엇에 대한 설명인가?**

① 드롭(Drop)

② 홀드( Hold)

③ 윈(Win)

④ 마커(Marker)

**18 칩의 보관 및 관리에 대한 설명으로 알맞지 않은 설명을 고르시오.**

① 카지노에서 뱅크라 불리는 칩출납에서 모든 칩을 보관 및 관리한다.
② 뱅크에서 보관하는 칩은 현금과 같기 때문에 보관 장소에는 철저한 안전 장치가 필요하다.
③ 일련의 과정들을 전표로 작성해 증거서류를 남긴다.
④ 게임 도중 테이블에 칩이 많아 보관할 수 없을 경우에는 칩을 계속 쌓아 둔다.

**19 카지노업의 허가를 받으려는 자가 갖추어야 할 시설기준이 아닌 것은?**

① 2개 이상의 외국환 환전소
② 330제곱미터 이상의 전용 영업장
③ 카지노업의 영업종류 중 네 종류 이상의 영업을 할 수 있는 게임기구 및 시설
④ 문화체육관광부장관이 정하여 고시하는 기준에 적합한 카지노 전산시설

**20 카지노사업자가 카지노 고객에게 제공할 수 있는 콤프의 범위에 해당하지 않는 것은?**

① 고객 숙박을 목적으로 지불할 경우
② 고객의 차량구입비에 지불할 경우
③ 고객에게 식음료 및 주류제공을 목적으로 지불할 경우
④ 카지노 고객유치를 목적으로 골프비용, 물품, 기타 서비스 등을 제공 또는 지불할 경우

**정답** 카지노운영관리사 필기시험 모의문제

01. ③ 02. ① 03. ④ 04. ① 05. ① 06. ② 07. ② 08. ④ 09. ① 10. ④
11. ① 12. ① 13. ② 14. ④ 15. ② 16. ① 17. ③ 18. ④ 19. ① 20. ②

## 모의문제 7 카지노운영관리사 자격검정 필기시험

**01 카지노게임은 테이블게임과 논 테이블게임으로 크게 분류하고 있다. 다음 중 테이블게임에 해당하지 않는 것을 고르시오.**

① 블랙잭 ② 슬롯머신
③ 바카라 ④ 룰렛

**02 우리나라 카지노업의 영업종류는 「관광진흥법시행규칙」 제35조 제1항 관련 허가 게임종목, 비허가 게임종목을 나누고 있다. 다음 중 허가 게임종목이 아닌 것을 고르시오.**

① 레드 독 ② 블랙잭
③ 빅휠 ④ 다이스

**03 룰렛(Roulette) 게임에 대한 설명으로 옳지 않은 것을 고르시오.**

① 룰렛에서는 카지노 전체에서 통용되는 머니칩(MoneyChip)만을 사용하고 있다.
② '돌아가는 작은 바퀴'라는 뜻의 프랑스어에서 유래하였다
③ 유럽식은 0에서 36번까지 37등분되어 있으며 미국식에는 00이 있어 38등분되어 있다.
④ 회전원반이 정지했을 때 볼이 어느 번호 위에 떨어지느냐에 따라 Win/Loss가 정해지는 게임이다.

**04 블랙잭 게임에 대하여 바르게 설명한 것을 고르시오.**

① 회전원반이 정지했을 때 볼이 어느 번호 위에 떨어지느냐에 따라 Win/Loss가 정해지는 게임이다.
② 딜러와 플레이어가 함께 카드의 숫자를 겨루는 게임으로 고객카드의 합이 21에 가깝도록 만들어 딜러의 점수와 승부를 내는 게임을 말한다.

③ 2군데(플레이어와 뱅커) 중 한 곳에 베팅하여 9에 가까운 숫자를 가진 쪽이 이기는 게임이다.

④ Dice Shaker(주사위를 넣어서 흔드는 용기)를 진동하여 결정된 3개의 주사위 합과 플레이어가 베팅한 숫자, 혹은 숫자의 조합과 일치하면 정해진 배당률에 의해 배당금이 지급되는 게임이다.

**05** **블랙잭, 바카라에서 사용하고 있는 카드 1deck은 총 몇 장으로 구성되어 있는가?**

① 52장 ② 54장

③ 56장 ④ 60장

**06** **바카라 베팅에 해당하지 않는 것은?**

① 뱅커측 베팅 ② 플레이어측 베팅

③ 타이 베팅 ④ 더블 베팅

**07** **카드 파지법에서 카드 하단에 위치하는 손가락은?**

① 엄지 ② 검지

③ 중지 ④ 약지

**08** **블랙잭 카드 Spread에 대한 설명으로 옳지 않은 것을 고르시오.**

① 2Deck으로 하되 Table에 따라 6~8Deck까지 실시한다.

② Insurance 글씨 선을 기점으로 일자형으로 그려나간다.

③ 먼저 확실히 왼쪽 면이 닿게 시작하고 손목이 틀어지지 않게 손을 펼쳐 검지 손가락으로 카드의 간격을 조절하며 펼쳐간다.

④ 왼손은 항상 Table을 집는다.

**09** **카드 Shuffle의 단계별로 올바른 순서로 나열된 것을 고르시오.**

① Halfing－Riffling－Stripping－Boxing

② Riffling－Stripping－Boxing－Halfing

③ Halfing－Riffling－Boxing－Stripping

④ Boxing Halfing－Riffling－Stripping

**10** **Burning 카드에 대한 설명으로 옳은 것을 고르시오.**

① 게임에 사용할 카드를 소정의 절차에 따라 보다 골고루 섞이도록 하는 절차로 카지노마다 다양한 방법이 있다.

② Shuffle의 마지막 단계에서 실시하는 Shuffle로 Joining 상태에서 수평하게 놓아 카드가 전부 골고루 섞였음을 확인시키는 단계이다.

③ 셔플된 카드를 Shoe에 넣고 게임이 시작되기 전에 두 장의 카드를 Face－Down으로 뽑아 디스카드 홀더에 넣는 동작을 말하며 이것은 카드 카운팅 방지와 게임 시작을 알리기 위한 동작이다.

④ 어레인지된 카드를 플레이어에게 직접 Cutting시켜 카드의 이상 유무를 확인하는 과정

**11** **룰렛 스핀 시 주의사항에 해당하지 않는 것을 고르시오.**

① 손목이 꺽여야 볼이 날아가지 않는다.

② 딜러는 볼 스핀 전에 플레이어가 Betting할 충분한 시간을 준다.

③ Ball과 Wheel은 반대 방향으로 돌린다. (Ball은 시계 방향)

④ 잘못 돌려진 볼은 'NoSpin'이라고 Call한다.

**12** **룰렛 베팅 명칭과 그 설명이 바르게 연결되어 있지 않은 것을 고르시오.**

① Straight － 한 개의 번호를 선택한 경우

② Split － 두 개의 번호에 걸쳐서 선택한 경우

③ Low half or High Half － 낮은 숫자 1~18 혹은 높은 숫자 19~36을 선택

④ Fivenumber － 0, 00, 34, 35, 36을 선택한 경우

**13** **바카라 게임에서 카드 Value의 설명이다. 틀린 것은?**

① A는 1 또는 11로 읽는다.

② 10, J, Q, K는 0으로 읽는다.

③ 2, 3, 4, 5, 6, 7, 8, 9－Value 자체 그대로

④ 카드의 합이 10 이상일 경우 일의 자리만 계산한다.

**14** **바카라에서 오픈카드를 할 때 맞는 행동이 아닌 것은?**

① 인디케이트카드가 나오면 오픈게임을 한다.

② 오픈카드라 콜링을 하면서 진행한다.

③ 각 카지노마다 오픈카드의 방법이 다를 수 있다.

④ 오픈카드는 생략할 수 없다.

**15** **1995년 12월에 폐광지역 개발지원에 관한 특별법이 통과되어 설립되어진 내국인 출입 카지노의 이름은?**

**16** **싱가포르에서는 카지노의 사회적 부작용에 대한 반대에도 불구하고 관광객 유치를 위하여 2010년 2개의 카지노를 오픈했다. 2개의 카지노 이름을 쓰시오.**

**17** **국내 카지노의 경영형태로는 2가지 방식을 가지고 있다. 이 2가지를 쓰시오.**

**18** **다음(　　)안에 알맞은 숫자를 써 넣으시오.**

> 바카라 카드 점수계산은 2, 3, 4, 5, 6, 7, 8, 9는 카드에 표시된 숫자 그대로 계산하고, 10, J, Q, K는 (　　)으로, A는 (　　)로 계산한다.

## 19 카지노사업의 영업준칙이 아닌 것은?

① 카지노종사원은 게임에 참여할 수 없으며, 고객과 결탁한 부정행위 또는 국내외의 불법영업에 관여하거나 그 밖에 관광종사자로서의 품위에 어긋나는 행위를 하여서는 아니 된다.

② 카지노사업자는 회계기록 · 콤프비용 · 크레딧 제공 · 예치금 인출 · 알선수수료 · 계약게임 등의 기록을 유지하여야 한다.

③ 카지노사업자는 게임을 할 때 게임 종류별 일반규칙과 개별규칙에 따라 게임을 진행하여야 한다.

④ 머신게임을 운영하는 사업자는 투명성 및 내부통제를 위한 기구 · 시설 · 조직 및 인원을 갖추어 운영하여야 하며, 머신게임의 이론적 배당률을 85% 이상으로 하고 배당률과 실제 배당률이 5% 이상 차이가 있는 경우 카지노검사기관에 즉시 통보하여 카지노검사기관의 조치에 응하여야 한다.

## 20 룰렛휠의 규격과 거리가 먼 것은?

① 룰렛휠은 싱글제로 휠과 더블제로 휠의 2종을 사용할 수 있다.

② 룰렛휠의 규격은 직경 800㎜ 이상이어야 하고 룰렛 볼의 직경은 16㎜ 이상으로 재질은 비금속성이어야 한다.

③ 싱글제로 휠은 0과 1에서 36까지 총 37개의 볼 낙착구역이 균등하게 배열되어 있어야 한다.

④ 더블제로 휠은 0, 00과 1에서 36까지 총 38개의 볼 낙착구역이 균등하게 배열되어 있어야 한다.

**정답** 카지노운영관리사 필기시험 모의문제

01. ② 02. ① 03. ① 04. ② 05. ① 06. ④ 07. ① 08. ② 09. ①
10. ③ 11. ① 12. ④ 13. ① 14. ① 15. 강원랜드 카지노
16. 리조트월드 센토사 카지노/마리나베이 샌즈 카지노 17. 소유직영방식, 임대방식
18. 0, 1 19. ④ 20. ②

## 모의문제 8 카지노운영관리사 자격검정 필기시험

**01** 현대의 카드는 네 가지의 마크로 구성되어 있다. 그 구성을 쓰시오.

**02** 다음이 설명하는 카드작업의 이름은?

> 게임을 진행하기 위하여 Shuffle을 하기 전에 실시하는 1단계 작업이며 카드가 잘 섞이도록 한다.

**03** 카지노에서 현금 대신 상용할 수 있는 현금 대용 화폐를 무엇이라고 하는가?

**04** 룰렛 게임 베팅명칭 중에서 페이 배수가 1배인 명칭을 3개 고르시오.

> (Straight, Split, Street Bet, Conner=Square, Five number, Six numbers, Dozen Bet, Colum Bet, Low or High, Black or Red, Even or Odd)

**05** Inside Pay에 대한 설명이다 틀린 것은?

① 6line bet → street bet → quarter bet → split bet → straight bet의 순으로 페이한다.

② street bet → quarter bet → split bet → straight bet → 6line bet의 순으로 페이한다.

③ 여러 색의 컬러가 베팅되어 있을 경우의 페이 순서는 배수가 작은 벳의 색깔의 칩스부터 먼저 페이한다.

④ 전체 칩스 페이 시 모양꼴을 생각하며 Push할 수 있는 모양으로 만들어 총 개수를 Call하며 Check Call을 받고 페이한다.

**06** 모양꼴(패턴)이란 무엇인가?

**07** 블랙잭 게임에서 블랙잭의 정의에 대한 설명 중 틀린 것은?

① 최초의 카드(Initial Two Card)가 반드시 A를 포함한다.

② A카드와 10(J, Q, K 포함)카드 2장으로 조합된 것이다.

③ 카드의 합이 21로 이루어지는 카드의 모든 조합이다.

④ 이 경우 플레이어에게 베팅금액의 1.5배를 지불한다.

**08** 블랙잭 게임 진행 시 게임이 시작될 때 게임지침에 따라 플레이어 및 딜러에게 분배되는 카드를 무엇이라고 하는가요?

① 버닝 카드 ② 이니셜 투 카드

③ 홀 카드 ④ 인디케이트 카드

**09** 바카라 커미션 게임에서 뱅커 측이 이기면 (     )%의 커미션을 제하고 받는다. (     )안에 들어갈 숫자를 쓰시오.

**10** 바카라 Banker Card Rule에 대한 설명이다. 틀린 것은?

① 처음 2장의 합이 0, 1, 2 - 항상 받는다.

② 처음 2장의 합이 4일 경우 2, 3, 4, 5, 6, 7 - 못 받는다.

③ 처음 2장의 합이 6일 경우 6, 7 - 받는다.

④ 처음 2장의 합이 8일 경우 - 내추럴로 그대로 멈춘다.

**11** 바카라 커미션을 계산해보자. 12,000,000원의 커미션은 얼마인가?

**12** 바카라 커미션을 계산해보자. 6,800,000원의 커미션은 얼마인가?

**13** 카지노산업의 긍정적인 측면이 아닌 것은?

① 외화획득

② 도박중독 및 재산탕진

③ 세수확보

④ 자국민의 외화유출 방지

**14** 카지노 머신기기의 특징 중 티켓 머신이란 무엇인지 괄호 안을 채우시오.

> 티켓 머신은 당첨되었을 때 동전 또는 현금 대신 기기에서 (　　)이 출력되면 고객은 그 (　　)을 환전소에서 현금으로 교환할 수 있도록 만든 기기이다.

**15** 카지노가 일반대중에게 긍정적인 이미지를 심어주기 위해서는 공익적 기능의 중요성을 강화해야 한다. 그 내용과 다른 것은?

① 지역주민의 소득증대와 고용창출

② 지역경제의 활성화

③ 외래관광객 유치와 외화획득 증대에 기여

④ 사회사업활동의 차단

**16** 도박중독증 예방법에 대한 설명이다. 틀린 것은?

① 도박에 소비할 시간과 베팅액에 관한 한계를 설정하지 않는다.

② 문제성 도박자는 주로 혼자 도박하기 때문에 다른 사람과 함께 어울려서 클럽이나 스포츠 활동에 참여하거나 자원봉사를 지원하는 것이 바람직하다.

③ 도박할 수 있는 여유 돈을 취미생활이나 저금 등 다른 곳에 사용한다.

④ 도박에 관한 책이나 비디오를 빌려서 문제성 겜블링의 모든 것을 이해하도록 한다.

**17** **카지노 정책이 일단 수립되면 몇 가지 효력이 발생한다. 그 효력에 해당하지 않는 것은?**

① 카지노 정책은 집행자에게 특정시책을 시행할 수 있도록 권한을 부여하는 효력이 있다.

② 카지노 정책은 그것과 부합되지 않는 시책을 수행하지 못하게 하는 금지행위이다.

③ 카지노 정책은 카지노 산업 발전에 대한 지도를 함에 있어 제기될 수 있는 각종 행위를 규제하는 효력이 있다.

④ 카지노 정책은 국가가 카지노산업의 육성을 위해 일정한 목표를 설정하고 이에 부응하는 카지노 시책을 입안하여 시행하는 것이다.

**18** **카지노 신규허가 여부 검토사항에 해당하지 않는 것은?**

① 소규모 관광단지 개발이 요구되는 지역에 한정할 것

② 영종도와 같은 국제신공항 건설지역이나 '폐광지역 개발지원에 관한 특별법'이 정한 특정지역에 한정할 것

③ 특혜시비가 일지 않도록 지역균형을 기하고 공정한 선정방안을 강구할 것

④ 국가적 차원에서 외화획득효과가 극대화할 수 있도록 투자주체와 신규허가지역을 선정할 것

**19** **카지노사업자의 CCTV 녹화물 보관기간에 해당하는 것은?**

① 카운트룸의 계산장면 : 녹화한 날부터 50일 이상, 기타 장면 : 녹화한 날부터 6일 이상

② 카운트룸의 계산장면 : 녹화한 날부터 30일 이상, 기타 장면 : 녹화한 날부터 6일 이상

③ 카운트룸의 계산장면 : 녹화한 날부터 40일 이상, 기타 장면 : 녹화한 날부터 6일 이상

④ 카운트룸의 계산장면 : 녹화한 날부터 20일 이상, 기타 장면 : 녹화한 날부터 6일 이상

**20** **카지노 영업준칙의 규정에서 사용되는 용어의 정의가 아닌 것은?**

① "출납창구"라 함은 드롭박스의 내용물을 계산하는 계산실을 말한다.

② "크레딧"이라 함은 카지노사업자가 고객에게 게임참여를 조건으로 칩스로 신용대여하는 것을 말한다.

③ "칩스"라 함은 카지노에서 베팅에 사용되는 도구를 말한다.

④ "콤프"라 함은 카지노사업자가 고객 유치를 위해 카지노 고객에게 무료로 숙식, 교통서비스, 골프비용, 물품, 기타 서비스 등을 제공하는 것을 말한다.

**정답** 카지노운영관리사 필기시험 모의문제

01. 스페이드(Spade), 다이아몬드(Diamond), 클로버(Clover) / 클럽(Club), 하트(Heart)
02. Washing 03. 칩스 04. Low or High, Black or Red, Even or Odd 05. ②
06. 딜러가 당첨금을 지급해주는데 서로 다른 배수를 쉽고 합산해서 하나의 금액 또는 배수로 계산하는 계산법을 말한다. 07. ③ 08. ② 09. 5% 10. ② 11. 600,000원
12. 340,000원 13. ② 14. 영수증 15. ④ 16. ① 17. ④ 18. ①
19. ④ 20. ①

## 모의문제 9 카지노운영관리사 자격검정 필기시험

**01** 1. Initial 2 Card가 Ace와 10 카드일 때 (                    )이라고 부르고 플레이어에게 1.5배 지불한다.

**02** 블랙잭 게임을 시작하기 전에 Face-down으로 2장의 카드를 뽑아 디스카드 홀더에 버리는 행위를 말한다. 어떤 동작에 대한 설명인가요?

① 드로잉
② 버닝카드
③ 인디케이드 카드
④ 홀카드

**03** 카드 드로잉에 대한 설명이다. 틀린 것은?

① 오른손 – ①번은 일직선이 되도록 펴서 ③번의 두 번째 마디 안쪽에 놓는다.
② 왼손 – Shoe에서 손가락 ③번으로 카드를 뽑고 ③④번과 함께 잡는다.
③ ②번 손가락의 3번째 마디를 수직으로 세운 후 손끝은 카드 상단의 좌측을 일직선이 되도록 가리킨다.
④ 문양은 되도록 식별 가능하도록 한다.

**04** 게임을 진행하는데 있어서 Card Counting을 하는 이유에 해당하지 않는 것은?

① Pit Boss의 정확한 의사결정 돕기
② Mistake 방지
③ Dealer 자신의 보호
④ 관리자에게 게임 상황 알리기

**05** **블랙잭 게임 Rule 중에 Double Down에 대한 설명이다. 내용과 맞지 않는 것은?**

① 플레이어가 initial Two 카드에서 Original Betting의 동일 금액 또는 Less 벳을 추가로 Betting하며 단 1장의 카드만을 받는다.

② 한 장의 카드만을 받아서 “21”에 가까운 숫자가 만들어질 확률이 높을 경우에 진행한다.

③ Drawing 시 카드 파지법, 착지법은 동일하게 세로로 카드 위로 착지한다.

④ 페이를 할 경우 2Hand 금액을 합쳐서 페이해도 무방하다.

**06** **Inside Take에 대한 설명이다. 맞는 것은?**

① 먼 곳에서 가까운 곳의 순서대로 lose된 칩스를 Take한다.

② 모아진 칩스의 양에 관계없이 한번에 Take한다.

③ 신속하게 처리해야 하므로 레이아웃에 잘못 Take된 칩스가 있는지 다시 확인할 필요는 없다.

③ Winning number 옆 번호에 Marker를 올려 놓는다.

**07** **Outside Pay에 대한 설명이다. 맞는 것은?**

① Column bet → High(19~36) bet → Black → ODD → Red → Even → Low(1~18) bet → Dozen bet 순으로 페이한다.

② Column bet → High(19~36) bet → ODD → Black → Red → Even → Low(1~18) bet → Dozen bet 순으로 페이한다.

③ Column bet → Low(1~18) bet → ODD → Black → Red → Even → High(19~36) bet → Dozen bet 순으로 페이한다.

④ Column bet → Dozen bet → High(19~36) bet → ODD → Black → Red → Even → Low(1~18) bet 순으로 페이한다.

**08** **룰렛 게임에서 인사이드 베팅을 계산해서 페이해 보자. 고객에게 몇 개를 페이해야 하는가?**

Straight bet 3개, Split bet 4개, Square bet 4개, Street bet 3개, Six number bet 7개

① 486개 ② 273개
③ 386개 ④ 486개

**09** **다음이 설명하는 게임의 이름은 무엇입니까?**

각각의 사람에게 기본적으로 5장의 카드가 돌려져 2장 이상의 같은 서열(같은 수나 같은 그림패)의 카드 패나, 5장의 연속패 또는 같은 짝패 5장 등의 조합을 만드는 것을 목표로 한다.

① 차카락 ② 포커
③ 카지노워 ④ 빙고

**10** **카지노업의 시설기준에 대한 설명이다. (법조항은 관광진흥법 시행규칙 제29조) 틀린 것은?**

① 330$m^2$ 이상의 전용영업장이어야 한다.
② 1개소 이상의 외국환환전소를 설치해야 한다.
③ 3종류 이상의 영업을 할 수 있는 게임기구 및 시설을 갖추어야 한다.
④ 문화체육관광부장관이 고시하는 기준에 적합한 카지노시설이어야 한다.

**11** **우리나라와 외국 간을 왕래하는 여객선 안에서 카지노업을 하고자 하는 경우 요건에 적합하지 않는 것은?**

① 여객선이 3만 톤급 이상일 것
② 여객선의 전년도 외국인수송 실적이 문화체육관광부장관이 공고하는 기준에 적합할 것
③ 규정된 사업계획의 수행에 필요한 재정능력이 있을 것
④ 외래관광객 유치계획 및 장기수지 전망 등을 포함한 사업계획서가 적정할 것

**12** **카지노 게임단지 활성화 방안에 대한 설명이다. 그 내용에 해당하지 않는 것은?**

① 국내의 합법화된 카지노에서 게임을 한다면 그 돈은 궁극적으로 국내에서 소비되어 종사원의 소득, 재정수입, 지역경제 활성화에 기여하게 된다.
② 필리핀은 카지노를 무기로 한국, 일본, 화교관광객을 적극 유치해 막대한 외화를 획득할 뿐만 아니라 고소득 자국민을 통해 상당한 수입을 올리고 있다.
③ 고소득자가 가진 강력한 게임욕구를 외국이 아닌 국내에서 해소할 수 있도록 하여 그 소비가 국민경제 내에서 이루어져 지속적인 세수확보, 고용창출, 지역경제 활성화로 이어질 수 있도록 발상의 전환이 필요하다.
④ 게임에 대한 욕구는 인간의 본성이다. 그러나 건전한 게임을 육성하고 발전시키는 것은 단지 건전한 소비를 할 수 있는 소비처를 제공하는 것에 그쳐야 한다.

**13** **카지노산업의 정책방향에 대한 내용이다. 틀린 것은?**

① 카지노산업이 종합오락산업으로 고급 관광산업이라는 관점에서 외화획득의 극대화를 추구하고 공정성 투명성을 확보하여 사회 기여도를 높일 수 있도록 해야 한다.

② 카지노산업이 게임 산업의 대명사로서 육성 발전되면서 국가경제와 지역 개발에 기여하도록 해야 한다.
③ 게임산업이 인간에게 삶의 활력을 주려면 게임이 도박화되도록 게임금액을 고액화해야 하고 배당률이 높아야 하며 과도한 게임중독에 대한 규제 방법이 마련되어야 한다.
④ 게임산업을 육성하면서 관리 감독을 철저히 한다면 막대한 국가수입을 올릴 수 있고 게임산업 종사자의 고용을 창출시켜 경제가 어려운 시기에도 효자산업이 될 것이다.

**14** **미국의 콜로라도의 정책에 대한 설명이다. 내용과 맞는 것은?**

① 게이밍은 2군데 폐광지역에서만 가능하다.
② 옛 탄광촌의 경제를 활성화시키기 위한 목적으로 카지노를 허용했다.
③ 카지노게임은 2가지 종류만 가능하다. (포커, 블랙잭)
④ 카지노게임은 4가지 종류만 가능하다. (포커, 블랙잭, 바카라, 슬롯머신)

**15** **각 나라별 카지노 허가요건에 관한 일반적 사례들이다. 내용과 틀린 것은?**

① 과거에 범법사실이 없는 자(미국 사우스다코다주, 미시시피주 등)
② 게임 산업 관련 법규를 준수할 능력과 의지가 있는 자(영국)
③ 1,000~1,500명 수용 규모의 특급호텔을 설립할 경우(푸에르토리코)
④ 카지노 운영 관리에 경험이 풍부한 인력을 확보한 자(호주 퀸스랜드주)

**16** **미국 네바다 주의 세금의 종류에 대한 설명이다. 틀린 것은?**

① 분기별 게임허가세 ② 연간 게임허가세
③ 일별 총수입비례세 ④ 카지노유흥세

**17** **호주의 카지노 정책에 대한 설명이다. 틀린 것은?**

① 호주 카지노의 특징은 지역개발차원에서 카지노를 허가해 주고 있다는 점이다.
② 선정된 카지노업체에게 일정 기간 동안 독점권과 장기운영권을 부여한다.
③ 선 카지노허가방식, 후 카지노감독위원회 설립방식을 취한다.
④ 호주는 주마다 카지노감독위원회가 설치되어 있으며 카지노를 관리, 감독하고 있다.

**18** **미국의 도박중독위원회의 설립목표의 내용과 다른 것은?**

① 초기 위기중재를 지원하고 도박중독자와 가족에게 치유와 지역자원을 이용할 수 있도록 정보를 제공한다.
② 도박중독의 발병과 진행을 막을 수 있는 대중경각심을 일깨운다.
③ 어린이와 청소년에게는 도박중독의 예방법을 아직은 알릴 필요는 없다.
④ 공공 및 전문 공개토론회를 통해 도박중독에 관한 교육을 촉진한다.

**19** **카지노사업자가 CCTV의 녹화를 해야 할 장면이 아닌 것은?**

① 카운트룸에서 행해지는 계산장면
② 환전(재환전) 및 출납장면
③ 테이블에서 행해지는 게임장
④ 카지노 주차장 출입장면

**20 카지노 계약게임과 관련이 없는 것은?**

① 계약게임 내역서의 포함내용은 당사자 간의 합의에 의해 작성한다.

② 카지노사업자가 카지노고객 및 전문모집인과 계약게임 관계가 성립되면 게임계약서를 작성하여 보관하여야 한다.

③ 계약게임 내역서에 계약일자, 전문모집인 성명, 주소 및 전화번호, 고객수, 고객의 국적, 지불금 등이 포함되어야 한다.

④ 카지노사업자는 외래관광객 유치 및 외화획득을 위하여 카지노고객 및 전문모집인과의 계약에 의하여 일정한 대가를 지불하는 조건으로 계약게임을 유치할 수 있다.

**정답** 카지노운영관리사 필기시험 모의문제

01. Black Jack 02. ② 03. ③ 04. ① 05. ③ 06. ① 07. ② 08. ② 09. ②
10. ③ 11. ① 12. ④ 13. ③ 14. ② 15. ③ 16. ③ 17. ③ 18. ③ 19. ④ 20. ①

## 모의문제 10 카지노운영관리사 자격검정 필기시험

**01 1. Ace Card Value에 대한 설명으로 틀린 것은?**

① A + J = 블랙잭

② 5 + A = 4 또는 14

③ 3 + A = 4 또는 14

④ 4 + A = 5 또는 15

**02 수신호에 대한 설명이다. 틀린 것은?**

① 고객이 말과 수신호를 동시에 할 경우에는 말이 우선한다.

② 플레이어는 카드에 대한 의사표시를 Dealer에게 전달하는 과정

③ Hit은 두 번째 손가락을 펴서 레이아웃을 긁어 주거나 가볍게 친다.

④ Surrender는 두 번째 손가락을 펴서 레이아웃에서 옆으로 그어 준다.

**03 블랙잭 게임에서 Card Count calling할 때 설명으로 틀린 것은?**

① 고객은 원하는 대로 받으며 딜러는 17까지 받는다.

② 고객은 21이 초과하면 "Bust" Dealer는 21이 초과되면 "Over"라고 Call 한다.

③ 카드 Take 시 고객이 이길 경우 "Win" 졌을 경우는 "Lose"라고 Calling한다.

④ 고객 Over 시 먼저 칩스 Take 후 카드 Take한다.

**04 블랙잭 게임에서 딜러 카드에 대한 내용이다. 틀린 것은?**

① 딜러 카드 – "10" Showing인 경우에 Hole 카드가 Ace라면 "Blackiack"이라고 외친 후 Hole 카드 오픈하여 우에서 좌로 Hand를 처리한다.

② 딜러 카드 – "10" Showing인 경우에 Hole 카드 가 Ace가 아닌 경우라면 확인한 후 그대로 게임을 진행한다. 단) "Blackiack"은 선처리 후 게임 진행

③ 딜러 카드 – “A” Shawing인 경우에 Hole 카드가 10, J, Q, K가 아닌 경우 라면 “No Blackiack”을 외친 후 그대로 좌에서 우로 Hand별로 해당 게임 진행

④ 딜러 카드 – “A” Shawing인 경우에 Hole 카드가 10, J, Q, K인 경우라면 확인한 후 그대로 게임을 진행한다.

**05 룰렛 게임에서 Money Chips Pay에 대한 설명이다. 틀린 것은?**

① 플레이 칩스의 페이 개수가 너무 많을 경우 플레이 칩스의 양을 줄이고 고액으로 페이할 수 있도록 하는 동작이다.

② 플레이 칩스를 왼쪽에 모양꼴로 만들어 놓고 10만원 짜리 머니칩스는 오른쪽에 spread하며 페이할 때 고액 칩스가 위로 가도록 한다.

③ 먼저 Money 칩스를 준비하고 난 후에 play 칩스를 준비한다.

④ Money 칩스는 항상 Cutting하여 확인한다.

**06 다음은 어떤 동작에 대한 설명인가요?**

> Change하려는 고액의 머니칩스를 제로와 더블제로 사이에 놓고 동일한 금액의 play 칩스를 에이프런에서 꺼내어 정돈하고 관리자에게 확인을 받은 후 고객에게 페이한다.

**07 룰렛 게임에서 인사이드 베팅을 계산해서 페이해 보자. 고객에게 몇 개를 페이해야 하는가?**

> Straight bet 2개, Split bet 3개, Square bet 3개, Street bet 3개, Six number bet 7개

① 486개 ② 213개

③ 386개 ④ 418개

**08** **바카라 타이 베팅은 베팅금액의 몇 배를 받는가?**

① 2배 ② 4배
③ 8배 ④ 12배

**09** **바카라 게임에서 카드 드로잉을 할 때 맞는 행동은?**

① 카드를 뽑을 때는 콜링은 동작보다 한 박자 빨라야 한다.
② 어레인지할 때 손가락을 구부리지 말고 손바닥을 이용한다.
③ 카드에서 손을 뗄 때에는 손톱을 이용한다.
④ 카드 드로잉을 할 때는 Banker에서 플레이어부터 드로잉한다.

**10** **바카라 플레이어 카드 Rule에 대한 설명이다. 틀린 것은?**

① 처음 2장의 합이 1, 2, 3, 4, 5, 0일 경우 - 항상 받는다.
② 처음 2장의 합이 6, 7일 경우 - 스탠드로 멈춘다.
③ 처음 2장의 합이 7일 경우만 - 스탠드로 멈춘다.
④ 처음 2장의 합이 8, 9일 경우 - 내추럴로 그대로 멈춘다.

**11** **미국 네바다 주의 허가권의 종류에 대한 설명이다. 틀린 것은?**

① 제한적 게임허가권
② 비제한적 게임허가권
③ 제조업자, 공급자 게임허가권
④ 포커 장소임대운영자

**12** **국내 카지노의 경영형태는 소유직영방식과 임대방식이 있다. 소유직영방식에 대한 설명으로 맞는 것은?**

① 토지 및 건물의 투자에 대해서는 호텔이 부담한다.
② 일정액의 임대료를 호텔에서 부담한다.

③ 호텔에서 카지노를 소유하거나 임대하는 이유는 호텔수입에서 차지하는 비중이 매우 낮기 때문이다.

④ 토지 및 건물의 투자에 직접적으로 참여하는 방식이다.

**13 말레이시아의 카지노 정책에 대한 설명이다. 맞는 것은?**

① 회교도인도 자유롭게 카지노에 출입할 수 있다.

② 조직폭력배, 범죄자, 돈세탁가능자, 신용불량자 등 카지노에 출입할 수 있다.

③ 내국인의 신분증이나 외국인의 여권 없이도 자유롭게 카지노에 출입할 수 있다.

④ 자금흐름의 투명성을 보장하기 위하여 Dynamic Reporting System 소프트웨어를 개발, 운영하고 있다.

**14 카지노업을 경영하기 위해 신규허가를 받고자 할 때에는 다음의 서류를 첨부하여 문화체육관광부장관에게 제출해야 한다. 내용과 틀린 것은?**

① 장기수지 전망계획서

② 타인 소유의 부동산을 사용하는 경우에는 그 사용권을 증명하는 서류

③ 문화체육관광부장관이 공고하는 허가요건에 적합함을 증명하는 서류

④ 신청인(법인의 경우에는 대표자 및 임원)의 성명, 주민등록번호 및 본적을 기재한 서류

**15 카지노사업자가 해서는 안 될 금지사항에 관한 내용이다. 틀린 것은?**

① 법령에 위반되는 카지노기구를 설치하거나 사용하는 행위

② 허가받은 전용영업장 외에서 영업을 하는 행위

③ 18세 미만을 입장하게 하는 행위

④ 지나친 사행심을 유발하는 등 선량한 풍속을 해할 우려가 있는 광고나 선전을 하는 행위

**16** **카지노산업의 경제적 효과에 대한 설명이다. 맞는 것은?**

① 카지노업체가 카지노이용객에게서 받아들인 수입금을 말하는데 다른 산업에 파급효과를 발생시키기 전 단계이므로 이를 2차효과 또는 간접효과라고 부른다.

② 카지노업체가 수입금의 일부를 식자재나 공산품 구입을 위해 다른 산업에 지출함에 따라 나타나는 경제적 효과를 직접효과라 부른다.

③ 카지노산업 종사원에게 지출한 급료를 통해 발생한 재생산효과를 간접효과라 부른다.

④ 카지노종사원의 소득향상, 가계소득 증대, 소비증가, 일반산업의 생산활동 증대라는 일련의 과정을 통해 지역경제가 활성화되는 효과를 유발효과라 부른다.

**17** **카지노산업에 대한 산업연관 분석방법 중 경제적 파급효과를 분석하기 위한 연구방법에 해당하지 않는 것은?**

① 한국은행에서 발간한 산업연관표로부터 일반부문은 통합하고 카지노부문은 세분화한다.

② 국산거래표로부터 투입계수를 산출하고 이를 토대로 카지노업의 생산승수, 소득승수, 고용승수, 부가가치승수, 간접세승수 등을 도출한다.

③ 한국은행에서 발간한 산업연관표로부터 카지노부문은 통합하고 일반부문은 세분화한다.

④ 카지노매출액 자료와 각종 승수를 고려하여 카지노산업의 총경제적 파급효과를 평가한다.

**18** **도박중독증에 대한 설명이다. 틀린 것은?**

① 점점 많은 시간을 도박에 소비한다.

② 베팅액수가 점점 커지고 횟수가 늘어난다.

③ 도박의 스릴을 그리워하는 등 감정의 기복이 매우 심하다.

④ 자신의 도박중독증을 인식하고 심해지지 않으려 자신을 통제하며 항상 노력한다.

**19** **카지노의 부작용에 대한 내용이다. 틀린 것은?**

① 가정파탄, 재산탕진
② 자녀학대, 자살
③ 카지노로 인한 저축증가
④ 외화유출 및 돈세탁

**20** **칩스의 규격과 관리에 관한 사항이 아닌 것은?**

① 위조칩스의 발생 등 정당한 사유가 있을 때에는 즉시 예비칩스로 교체, 사용할 수 있다.
② 정액칩스의 액면가는 숫자 또는 색깔로 뚜렷이 구별될 수 있도록 하여야 한다.
③ 비정액칩스의 액면가는 카지노사업자와 게임참가자의 합의에 의하여 정한다.
④ 칩스는 머니칩스와 게임칩스로 구분한다.

**정답** 카지노운영관리사 필기시험 모의문제

01. ② 02. ① 03. ② 04. ④ 05. ② 06. Color Change 07. ② 08. ③
09. ③ 10. ③ 11. ④ 12. ④ 13. ④ 14. ① 15. ③ 16. ④ 17. ③
18. ④ 19. ③ 20. ④

## 모의문제 11 카지노운영관리사 자격검정 필기시험

**01** 칩스 Cutting의 단위가 알맞지 않은 것은?

① 6개 = 3 + 3

② 7개 = 3 + 3 + 1

③ 8개 = 4 + 4

④ 10개 = 4 + 4 + 2

**02** 룰렛 게임기구의 명칭이 아닌 것은?

① 휠(Wheel) ② 볼(Ball)

③ 마커(Marker) ④ 카드(Card)

**03** 룰렛 게임에서 Outside Pay에 대한 설명으로 틀린 것은?

① Column bet → 2배 페이

② ODD/Even → 2배 페이

③ Dozen bet → 2배 페이

④ Black/Red → 1배 페이

**04** 블랙잭 게임의 Rule에 대한 설명이다. 틀린 것은?

① Even money－딜러의 Showing 카드가 에이스(Ace)이고, 플레이어의 카드가 블랙잭일 때, 플레이어의 요구에 의해 1.5배가 아닌 1배를 지불하는 것을 말한다.

② Insurance－딜러의 Showing 카드가 에이스(ace)일 때 플레이어에게 허용하는 옵션으로 플레이어는 그의 Original Bet의 반까지 보험금액을 걸 수 있다.

③ Split－고객의 카드가 Pair일 경우 두 장의 카드로 Original Bet과 동액으로 1Hand 더 만들어 Game할 수 있는 동작을 말한다.

④ “A” Split일 경우도 여러 장의 카드를 받을 수 있다.

**05** **바카라 게임에서 고객은 플레이어와 뱅커 또는 타이 중 어느 한 곳에만 베팅하면 되는데 여기서 고객이 뱅커에 베팅하여 이기면 카지노업체는 고객의 베팅액 중 (　　)의 커미션을 공제하고 지불한다. 괄호 안에 들어갈 정답은 무엇인가?**

① 5%　　② 50%

③ 3%　　④ 30%

**06** **바카라 콜링에 대한 설명이다. 틀린 것은?**

① Card for player/Card for banker–첫 번째와 두 번째 카드의 배분

② Player's/Banker's–세 번째와 네 번째 카드의 배분

③ Both side draw–양쪽 다 받아야 할 경우

④ One more card for player, Draw00, Still0 0–숫자가 변동이 있을 때

**07** **카지노업 영업준칙에서 제2장 영업시설에 대한 설명이다. 설치기준에 해당하지 않는 곳은?**

① 출납창구　　② 환전영업소

③ CCTV의 녹화　　④ Bar

**08** **종합관광호텔업 또는 국제회의시설업의 부대시설 안에서 카지노업을 하고자 하는 경우 요건에 적합하지 않는 것은?**

① 종합관광호텔업 또는 국제회의시설업의 전년도 외래관광객 유치실적이 문화체육관광부장관이 공고하는 기준에 적합할 것

② 외래관광객 유치계획 및 장기수지 전망 등을 포함한 사업계획서가 적정할 것

③ 규정된 사업계획의 수행에 필요한 재정능력이 있을 것

④ 현금 및 칩의 흐름 등 영업거래에 관한 내부 통제방안은 수립되지 않아도 됨

**09** **바카라 게임을 종료할 수 있는 최소한의 카드 장수는 몇 장인가?**

① 3장 ② 4장

③ 5장 ④ 6장

**10** **바카라에서 카드계산법이 아닌 것은?**

① 2, 3, 4, 5, 6, 7, 8, 9 : 숫자 그대로 계산한다.

② J, Q, K : 그림카드는 모두 0으로 계산한다.

③ 10 : 0으로 계산한다.

④ A(에이스) : 11로 계산한다.

**11** **미국식 룰렛 게임 진행 시 휠방향과 볼스핀 방향에 해당하는 것은?**

① 휠:시계반대방향 / 볼스핀:시계방향

② 휠:시계반대방향 / 볼스핀:시계반대방향

③ 휠:시계방향 / 볼스핀:시계반대방향

④ 휠:시계방향 / 볼스핀:시계방향

**12** **Inside와 Outside bet 페이할 시 1배에 해당하는 것은?**

① Column Bet

② EVEN

③ Street Bets

④ Dozen Bets

## 13 블랙잭 게임 중 다음 설명된 옵션을 고르시오.

> 플레이어가 처음 두 장의 카드를 받은 후 승산이 없다고 판단되는 경우 베팅금액의 2분의 1만 받는 조건으로 핸드를 포기할 수 있다.

① 더블다운(Double Down)
② 서렌더(Surrender)
③ 스플릿(Split)
④ 인슈어런스(Insurance)

## 14 블랙잭에서 카드계산법이 아닌 것은?

① 2, 3, 4, 5, 6, 7, 8, 9 : 숫자 그대로 계산한다.
② J, Q, K : 그림카드는 모두 10으로 계산한다.
③ 10 : 무조건 1로 계산한다.
④ A(에이스) : 1 또는 11로 계산한다.

## 15 말레이시아의 카지노 정책에 대한 설명이다. 맞는 것은?

① 회교도인도 자유롭게 카지노에 출입할 수 있다.
② 조직폭력배, 범죄자, 돈세탁가능자, 신용불량자 등 카지노에 출입할 수 있다.
③ 내국인의 신분증이나 외국인의 여권 없이도 자유롭게 카지노에 출입할 수 있다.
④ 자금흐름의 투명성을 보장하기 위하여 Dynamic Reporting System 소프트웨어를 개발, 운영하고 있다.

**16** **카지노업 영업준칙에 대한 설명이다. 제4장 영업절차 제21조 고객출입관리에 대한 설명 중 틀린 것은?**

① 카지노 영업장에는 내국인 및 19세 미만의 자를 출입시켜서는 안 된다.

② 카지노 출입구에는 "내국인출입금지"라는 표지를 붙여야 한다.

③ 여행사직원(가이드)은 방문증을 패용한 후 출입과 게임에 참여할 수 있다.

④ 카지노사업자는 모든 카지노입장객에 대해 신분증명서를 직접 확인한다.

**17** **카지노업 영업준칙에 대한 설명이다. 제1장 제7조 카운트룸 설치기준에 대한 설명 중 틀린 것은?**

① 출입문은 2개이어야 한다.

② 출입문에는 잠금장치를 설치하여야 한다.

③ 바닥까지 보이는 투명한 재질로 제작된 계산대를 갖추어야 한다.

④ 드롭박스를 안전하게 보관할 수 있는 공간을 확보하여야 한다.

**18** **관광진흥법에 대한 설명이다. 제2장 관광사업 제3조 관광사업의 종류에 해당하지 않는 것은?**

① 여행업

② 관광숙박업

③ 카지노업

④ 관광건축업

**19** **관광진흥법에 대한 설명이다. 제1장 총칙 제2조(정의) 용어의 뜻이 다른 것은?**

① 관광사업 : 관광객을 위하여 운송, 숙박, 음식, 운동, 오락, 휴양 또는 용역을 제공하거나 그 밖에 관광에 딸린 시설을 갖추어 이를 이용하게 하는 업을 말한다.

② 관광지: 자연적 또는 문화적 관광자원을 갖추고 관광객을 위한 기본적인 편의시설을 설치하는 지역으로서 이 법에 따라 지정된 곳을 말한다.

③ 관광특구 : 관광객의 다양한 관광 및 휴양을 위하여 각종 관광시설을 종합적으로 개발하는 관광거점지역으로서 이 법에 따라 지정된 곳을 말한다.

④ 조성계획 : 관광지나 관광단지의 보호 및 이용을 증진하기 위하여 필요한 관광시설의 조성과 관리에 관한 계획을 말한다.

**20** **카지노업의 허가요건 중 최근 신규허가를 한 날 이후에 외래관광객이 몇 명 이상 증가한 경우 신규허가를 할 수 있는가?**

① 30만 명 이상
② 50만 명 이상
③ 40만 명 이상
④ 60만 명 이상

**정답** 카지노운영관리사 필기시험 모의문제

| | | | | | | | | | |
|---|---|---|---|---|---|---|---|---|---|
| 01. ④ | 02. ④ | 03. ② | 04. ④ | 05. ① | 06. ④ | 07. ④ | 08. ④ | 09. ② | 10. ④ |
| 11. ① | 12. ② | 13. ② | 14. ③ | 15. ④ | 16. ③ | 17. ① | 18. ④ | 19. ③ | 20. ④ |

# 제2절 카지노 실무용어

## 1 블랙잭(Blackjack) 게임 용어

- Rack : 테이블 앞에 칩스를 보관하는 곳.
- Bank Roll : 각 게임 테이블에서 게임에 사용할 총 칩 액수를 적어 놓는 용지.
- Deck : 카드의 한 묶음. (52장으로 구성)
- Shoe : 셔플된 카드를 넣는 기구.
- Indicate Card
  1. 셔플이 끝난 후 플레이어를 게임에 동참할 수 있도록 하는 카드.
  2. 셔플이 끝난 후 플레이어에게 게임의 끝을 알리는 카드.
- Discard Holder : 게임이 진행되어졌던 카드를 넣어서 잠시 보관하는 기구.
- Drop Box : 테이블 아래쪽에 걸려 있는 철제 통으로써 현금 또는 슬립 등을 넣어 두는 곳.
- Push : 딜러와 고객이 같은 스코어일 때 비기는 경우에 하는 콜.
- Burning Card : 게임 전에 카드를 보이게 하지 않고 디스카드 홀더에 넣는 카드.
- Face Card : 잭, 퀸, 킹과 같이 얼굴이 그려져 있는 카드.
- Face Up Card : 카드의 앞면.
- Face Down Card : 카드의 뒷면.
- Card Spread : 게임 전 카드를 테이블 위에 페이스업(face up)시켜 펼쳐 놓는 동작.
- Card Washing : 카드를 확인한 후 뒤집어 골고루 섞는 행위.
- Card Shuffle : 카드를 양손으로 1/2덱씩 잡고 골고루 섞는 동작.
- Card Boxing : 1덱의 카드를 페이스다운(face down)으로 놓은 상태에서 카드의 양쪽 면을 한번 쓸어 카드를 깨끗하게 정리하는 동작.
- Card Halfing : 카드를 반으로 나누어 놓는 동작.

- Card Riffling : 카드의 측면을 살짝 들었다 놓아 모서리가 서로 맞물리도록 하는 동작.
- Card Joining : 맞물려진 양족의 카드를 밀어내는 동작을 말하며, 양손 중지 손가락을 이용하여 카드 위에서 아래로 쓸어내리며 정리하는 동작.
- Cut, Cutting : 셔플된 카드를 더욱 골고루 섞기 위한 작업으로 Riffle이라고도 한다.
- Inserting : 셔플된 카드를 고객에게 직접 커팅(cutting)시켜 확인하는 절차.
- Base : 테이블에서 플레이어의 베팅 위치를 의미한다.
- Drawing : 카드를 분배하는 동작.
- Bust : 블랙잭 게임에서 카드 합이 21을 초과한 카드로서, 딜러의 카드 합과 관계없이 먼저 패하게 된다.
- Soft 17 : 에이스 카드를 11로 계산하여 이를 포함한 숫자의 합.
- Last Call : 딜러 핸드 오픈카드가 에이스일 경우 플레이어에게 인슈어런스 베팅을 권한 후 더 이상 베팅을 받을 수 없음을 알리는 콜링.
- Calling : 카드의 숫자를 소리내어 세는 행위 또는 게임의 모든 절차를 상급자가 듣도록 말하는 행위, 플레이어가 본인의 카드를 쉽게 파악하도록 하는 행위 등.
- Display : 돈이나 칩을 체크하기 위해 펼쳐놓은 절차.
- Hit : 카드 한 장을 추가로 받겠다는 의사표시.
- Stay : 카드를 더 이상 받지 않겠다는 의사표시.
- Surrender : 게임을 포기한다는 의사표시.
- Pair : 숫자가 같은 2장의 카드.
- Counting : 숫자를 세는 절차.
- Card Counting : 플레이어들이 전략의 일환으로 카드의 숫자를 세어 암기하는 기술.
- Card Counter : 카드 숫자를 암기 합산하여 플레이하는 전문 도박사.
- Anchor Man : 맨 마지막에 앉는 블랙잭 플레이어.
- Post Man : 맨 앞에 앉는 블랙잭 플레이어.

- Dealer Bet : 플레이어가 딜러에게 팁으로 베팅하여 주는 것.
- Call Bet : 현금이나 칩으로 베팅하지 않고 구두로 베팅하는 것.
- Hole Card : Hidden 카드라고도 하는데, 딜러의 두 장 카드 중 밑에 엎어놓은 카드.
- Showing Card : 딜러의 2장 카드 중 펴놓은 카드.
- Maximun : 베팅의 상한선.
- Minimun : 베팅의 하한선.
- Suit : 카드의 네 가지 무늬(하트, 클럽, 스페이드, 다이아몬드).
- Idle Hand : 게임이 없는 빈 베팅 박스.
- Money Play : 칩을 따로 사지 않고 현금으로 베팅하는 경우.
- Even Money : 고객이 블랙잭을 가지고 있고, 딜러가 에이스를 쇼잉할 때 플레이어가 베팅한 만큼만 받고 게임을 끝내는 것.
- Black Jack : 처음 2장 카드가 에이스와 10카드로 구성되어진 카드. (색깔은 관계 없음)
- Double Down : 처음 2장 카드일 때 원금과 동일한 베팅금액이나 Less 베팅을 하고 한 장의 카드만을 더 받는 것.
- Split : 처음 2장 카드가 페어(pair)일 경우 2장의 카드를 분리시켜 핸드(hand)를 늘리는 것.
- Insurance : 딜러의 블랙잭을 대비한 보험 베팅으로, 플레이어는 원 베팅의 1/2 이하의 베팅금을 거는 것.
- Soft Hand : 카드를 계산할 때 에이스가 11로 계산된 핸드.
- Hard Hand : Ace 카드가 들어 있지 않는 핸드.
- Wager : 플레이어가 정당하게 베팅한 칩.

## 2 바카라(Baccarat) 게임 용어

- Baccarat : 바카라 게임에서 "0"이라는 의미.
- Bank : 뱅크 사이드.
- Player : 플레이어 사이드.
- Natural : 2장 카드 합이 8 또는 9일 경우를 의미한다.
- Stands : 2장 카드 합이 6 또는 7일 경우를 의미한다.
- Draw : 규칙에 의해서 카드를 한 장 더 주는 절차.
- Main Baccarat : 바카라 중 가장 큰 사이즈 바카라. (8석, 10석, 12석 14석 등의 테이블이 있다.)
- Midi Baccarat : 중간 사이즈 바카라.
- Mini Baccarat : 작은 사이즈 바카라.
- Tie : 규칙에 의하여 양편이 같은 값일 경우.
- Tie Bet : 타이가 되었을 경우 이기는 베팅 방법.
- Shoe : 셔플된 카드를 넣는 기구.
- Scoop : 메인 바카라에서 손이 닿지 않는 먼 곳에 카드를 보내거나 회수할 때 사용하는 나무나 플라스틱으로 만든 채.
- Scooper : 스쿠프를 사용하는 딜러.
- Pay Man : 메인 바카라 게임에서 스쿠프를 잡지 않고 칩의 Take 및 페이를 담당하는 딜러.
- Discard Holder : 게임이 진행되어졌던 카드를 넣는 기구.
- Squeeze : 플레이어가 카드를 쪼이는 모양.
- Marker : 플레이어, 뱅크 양쪽 중 대표로 카드를 스퀴즈할 사람의 표식. 통상 가장 많이 베팅을 한 사람에게 마커를 표시해 준다.
- Number Area : 자기 자리.
- Table Limit : 해당 테이블에서 걸 수 있는 베팅액의 상한선과 하한선.
- Difference Limit : 메인 바카라 케임에서 사용하는 리미트로 플레이어 핸드와 뱅크 핸드 베팅의 차액을 허용하는 리미트.

- Personal Limit : 개인별로 허용하는 리미트. (룰렛, 바카라, 다이사이 게임이 퍼스널 리미트를 적용한다.)
- Hand Limit : 베팅 핸드에 허용하는 리미트. (블랙잭, 미니바카라 게임이 핸드 리미트를 적용한다.)
- Balance Check : 각 테이블에서 딜러가 게임 중 가지고 있는 칩이 얼마나 나갔으며, 또한 얼마나 들어왔는지 확인하는 행위.
- Over Bet : 정해진 리미트보다 많은 액수의 베팅을 한 경우.
- Commission : 뱅커가 이길 경우 카지노에서 수수료로 걷어들이는 금액. 이긴 금액의 5%를 커미션으로 받는다.
- Burning Card : 게임 전에 카드를 보이게 하지 않고 디스카드 홀더에 넣는 카드.
- Show Up Card : 게임 시작 전 실시하는 한 핸드의 가상 게임. Openning Game이라고도 함.
- High Roller : 많은 돈을 가지고 있거나, 많은 액수를 베팅하는 플레이어.
- Bloomer : 베팅 금액이 적은 플레이어.
- Score : 카드의 합.
- Cheating : 속임수.
- Cheater : 부정직한 수단과 방법으로 딜러를 속이고 게임규칙을 어기면서 게임을 하는 플레이어.
- Sending : 속임수의 한 방법으로 카드에 표시를 하는 것.
- Marking Card : 표를 해 놓은 카드.
- House Rule : 각 카지노 고유의 게임 규정.
- Drill Card : 각 카지노에서 사용하는 카드는 외부로 유출하지 못하지만 부득이하게 유출할 때에는 카드를 다시 사용하지 못하도록 구멍을 뚫는 카드.
- Stiff : 행운이 따르지 않는 플레이어.

## 3 룰렛(Roulette) 게임 용어

- American Roullet : 미국식 룰렛 게임으로, 0과 00 그리고 1~36까지 총 38개의 번호를 가진 룰렛 게임.
- European Roullet : 유럽식 룰렛 게임으로 0과 1~36까지 총 37개의 번호를 가진 룰렛 게임.
- Croupier : 룰렛을 진행하는 딜러.
- Bank Cover : 테이블을 Close했을 때 칩을 보호하기 위하여 투명한 플라스틱으로 만든 덮개.
- Lay Out : 숫자판이 그려져 있는 테이블 위의 천.
- Spin : 볼을 휠의 반대방향으로 돌리는 절차.

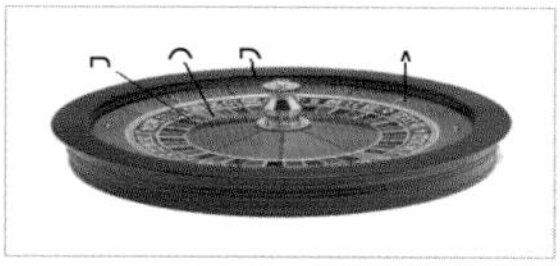

- Hole : 볼이 회전이 끝나면 당첨번호를 알아볼 수 있도록 휠 안쪽에 있는 볼 낙착구역.

  – 휠 트랙(Wheel Track)

  딜러가 휠 앞에서 볼을 대고 회전시키는 부분으로서 볼이 원심력에 의해서 돌아가는 부분이다. (그림 D)

  – 볼 컨트롤러(Ball Controller)

  볼의 낙착지점을 조절하는 것으로 볼이 떨어지는 부분에 부착된 다이아몬드형 모양의 금속. (그림 A)

- 홀(Hole)

  볼이 회전이 끝나면 당첨번호(Winning number)를 알아볼 수 있도록 휠 안쪽에 있는 번호 밑에 만들어 놓은 볼 낙착구역을 의미하는데, 포켓이라고도 한다. 또한 홀과 홀을 구분짓는 칸막이를 프렛(frets)이라 한다. (그림 C)

- 핀(Pin)

  홀과 홀 사이의 칸막이. (그림 B)

- 볼(Ball)

  휠 트랙(Wheel track)에 대고 돌려 홀에 떨어지게 하는 상아 또는 플라스틱으로 만든 작은 공이다. 룰렛 테이블에서 항상 크기가 다른 2개의 볼을 배치하여 상황에 따라 피트 보스(Pit boss)의 사인에 의해 볼을 바꾸어 상용하기도 한다.

- 마커(Marker)

  볼이 최종 낙착이 되면 딜러는 당첨번호(Winning number)를 표시하는데 당첨번호를 표시하기 위해 사용하는 기구이다.

- 종(Bell)

  고객에게 베팅시간의 종료를 알리는 기구.

– 휠 에이프런(Wheel Apron)

휠 둘레를 감싸고 있으며 칩스를 가지런히 놓게 하는 기구.

– 레이아웃

플레이어가 베팅을 할 수 있도록 휠과 같이 동일한 프린트한 테이블 커버를 말하며, 레이아웃에 베팅 장소를 표시하기 위한 눈금선을 그리드(grid)라고 한다.

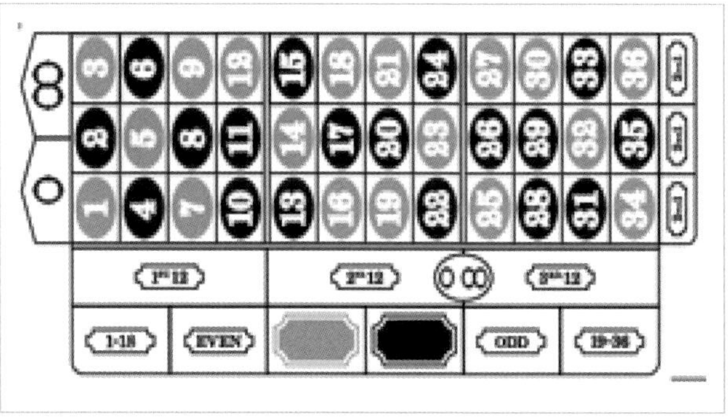


- Wheel Rim : 휠의 틀.
- Wheel Apron : 휠의 주변(휠 책을 쌓아 두는 곳).
- Wheel Check : 플레이 칩(play chip)과 논 밸류 칩(non value chip).
- Money Chips : 칩 중앙에 금액이 표시되어 있는 칩으로, 현금으로 환전이 가능한 칩.
- Play Chips : 룰렛 게임에서 사용하는 칩으로 플레이어를 구별하기 위해서 6~7개의 색으로 구분되어 있는 칩.

- Non Value Chips : 금액이 표시되어 있지 않고, 임의의 가격으로 사용하는 칩.
- Display : 돈이나 칩을 수납하기 전에 상급자 또는 게임 당사자가 볼 수 있도록 펼쳐 놓는 절차.
- Watch : 고객의 베팅이나 딜러 업무의 적·부적합을 감시하는 절차.
- Past Posting : 볼이 떨어질 때 늦게 베팅하는 부적합한 행위. 이 경우 노베트(no bet)임.
- Outside Bet : 외곽에 베팅하는 것.
- Inside Bet : 번호에 베팅하는 것.
- Column Bet : 세로로 3등분된 위치에 베팅하는 것.
- Dozen Bet : 12개 번호에 베팅하는 것.
- Even(Odd) Money Bet : 짝수(홀수) 번호에 베팅하는 것.
- Low(High) Money Bet : 낮은(높은) 숫자 번호에 베팅하는 것.
- Red(Black) Color Bet : 빨강(검정)색에 베팅하는 것.
- Straight Bet : 1개 번호에 베팅하는 것.
- Split Bet : 서로 붙어 있는 2개 번호에 베팅하는 것.
- Street Bet : 3개 번호에 베팅하는 것.
- Quarter Bet : 4개 번호가 만나는 지점에 베팅하는 것(corner bet 또는 four number bet이라고도 함).
- Five Number Bet : 1, 2, 3과 0, 00의 번호가 교차되는 지점에 베팅하는 것.
- Six Number Bet : 6개 번호가 교차되는 지점에 베팅하는 것.
- No Spin : 규칙에 의해서 스핀으로 인정할 수 없을 때 선언하고 볼을 잡는 절차.
- Stacking : 칩을 양손으로 들어 올려 20개씩 가지런히 모으는 절차.
- Stack : 20개 한 묶음의 칩.
- Palm Stack : 손바닥으로 쌓아 잡는 스택 방법.
- Pencil Stack : 검지를 위에 올려 놓는 스택 방법.
- Chips Cutting : 칩스를 카운팅하기 위해서 3, 4, 5개 단위로 양손을 이용하여 똑같은 높이로 칩을 끊어 놓는 동작.

- Drop Cutting : 독립적으로 스택한 칩을 검지로 내려놓으며 커팅하는 방법.
- Thumb Cutting : 칩의 키를 재가며 엄지로 커팅하는 방법.
- Sizing cut : 20개 이하의 칩을 5개씩 갈라 놓는 절차.
- Dragging Chips : 펜슬 스택인 상태에서 자투리 칩을 끌며 떨어뜨리는 절차.
- Pushing : 당첨금을 지불하기 위하여 칩을 밀어주는 동작.
- Clearing : 볼이 드롭된 후 테이블 위의 루징(losing) 칩을 끌어 모으는 절차.
- Tip Box : 팁을 받아 놓는 통.
- Calling : 테이블에서 일어나는 행위를 플레이어와 피트 보스에게 알리기 위한 행위.
- Change Color : 고액의 칩을 소액의 칩으로 바꾸는 것을 상급자에게 보고하기 위해서 소리를 내어 말하는 행위.

## 제3절 관광진흥법

[시행 2016.8.4.] [법률 제13958호, 2016.2.3., 일부개정]

# 제1장 총칙

**제1조(목적)** 이 법은 관광 여건을 조성하고 관광자원을 개발하며 관광사업을 육성하여 관광 진흥에 이바지하는 것을 목적으로 한다.

**제2조(정의)** 이 법에서 사용하는 용어의 뜻은 다음과 같다. 〈개정 2007.7.19., 2011.4.5., 2014.5.28.〉

1. "관광사업"이란 관광객을 위하여 운송 · 숙박 · 음식 · 운동 · 오락 · 휴양 또는 용역을 제공하거나 그 밖에 관광에 딸린 시설을 갖추어 이를 이용하게 하는 업(業)을 말한다.
2. "관광사업자"란 관광사업을 경영하기 위하여 등록 · 허가 또는 지정(이하 "등록등"이라 한다)을 받거나 신고를 한 자를 말한다.
3. "기획여행"이란 여행업을 경영하는 자가 국외여행을 하려는 여행자를 위하여 여행의 목적지 · 일정, 여행자가 제공받을 운송 또는 숙박 등의 서비스 내용과 그 요금 등에 관한 사항을 미리 정하고 이에 참가하는 여행자를 모집하여 실시하는 여행을 말한다.
4. "회원"이란 관광사업의 시설을 일반 이용자보다 우선적으로 이용하거나 유리한 조건으로 이용하기로 해당 관광사업자(제15조제1항 및 제2항에 따른 사업계획의 승인을 받은 자를 포함한다)와 약정한 자를 말한다.
5. "공유자"란 단독 소유나 공유(共有)의 형식으로 관광사업의 일부 시설을 관광사업자(제15조제1항 및 제2항에 따른 사업계획의 승인을 받은 자를 포함한다)로부터 분양받은 자를 말한다.

6. “관광지”란 자연적 또는 문화적 관광자원을 갖추고 관광객을 위한 기본적인 편의시설을 설치하는 지역으로서 이 법에 따라 지정된 곳을 말한다.
7. “관광단지”란 관광객의 다양한 관광 및 휴양을 위하여 각종 관광시설을 종합적으로 개발하는 관광 거점 지역으로서 이 법에 따라 지정된 곳을 말한다.
8. “민간개발자”란 관광단지를 개발하려는 개인이나 「상법」 또는 「민법」에 따라 설립된 법인을 말한다.
9. “조성계획”이란 관광지나 관광단지의 보호 및 이용을 증진하기 위하여 필요한 관광시설의 조성과 관리에 관한 계획을 말한다.
10. “지원시설”이란 관광지나 관광단지의 관리 · 운영 및 기능 활성화에 필요한 관광지 및 관광단지 안팎의 시설을 말한다.
11. “관광특구”란 외국인 관광객의 유치 촉진 등을 위하여 관광 활동과 관련된 관계 법령의 적용이 배제되거나 완화되고, 관광 활동과 관련된 서비스 · 안내 체계 및 홍보 등 관광 여건을 집중적으로 조성할 필요가 있는 지역으로 이 법에 따라 지정된 곳을 말한다.

11의2. “여행이용권”이란 관광취약계층이 관광 활동을 영위할 수 있도록 금액이나 수량이 기재(전자적 또는 자기적 방법에 의한 기록을 포함한다. 이하 같다)된 증표를 말한다.

12. “문화관광해설사”란 관광객의 이해와 감상, 체험 기회를 제고하기 위하여 역사 · 문화 · 예술 · 자연 등 관광자원 전반에 대한 전문적인 해설을 제공하는 자를 말한다.

# 제2장 관광사업

## 제1절 통칙

**제3조(관광사업의 종류)** ① 관광사업의 종류는 다음 각 호와 같다. 〈개정 2007.7.19., 2015.2.3.〉

1. 여행업 : 여행자 또는 운송시설 · 숙박시설, 그 밖에 여행에 딸리는 시설의 경영자 등을 위하여 그 시설 이용 알선이나 계약 체결의 대리, 여행에 관한 안내, 그 밖의 여행 편의를 제공하는 업
2. 관광숙박업 : 다음 각 목에서 규정하는 업
   가. 호텔업 : 관광객의 숙박에 적합한 시설을 갖추어 이를 관광객에게 제공하거나 숙박에 딸리는 음식 · 운동 · 오락 · 휴양 · 공연 또는 연수에 적합한 시설 등을 함께 갖추어 이를 이용하게 하는 업
   나. 휴양 콘도미니엄업 : 관광객의 숙박과 취사에 적합한 시설을 갖추어 이를 그 시설의 회원이나 공유자, 그 밖의 관광객에게 제공하거나 숙박에 딸리는 음식 · 운동 · 오락 · 휴양 · 공연 또는 연수에 적합한 시설 등을 함께 갖추어 이를 이용하게 하는 업
3. 관광객 이용시설업 : 다음 각 목에서 규정하는 업
   가. 관광객을 위하여 음식 · 운동 · 오락 · 휴양 · 문화 · 예술 또는 레저 등에 적합한 시설을 갖추어 이를 관광객에게 이용하게 하는 업
   나. 대통령령으로 정하는 2종 이상의 시설과 관광숙박업의 시설(이하 "관광숙박시설"이라 한다) 등을 함께 갖추어 이를 회원이나 그 밖의 관광객에게 이용하게 하는 업
   다. 야영장업: 야영에 적합한 시설 및 설비 등을 갖추고 야영편의를 제공하는 시설(「청소년활동 진흥법」 제10조제1호마목에 따른 청소년야영장은 제외한다)을 관광객에게 이용하게 하는 업
4. 국제회의업 : 대규모 관광 수요를 유발하는 국제회의(세미나 · 토론회 · 전시회 등을 포함한다. 이하 같다)를 개최할 수 있는 시설을 설치 · 운영하거나 국제회의의 계획 · 준비 · 진행 등의 업무를 위탁받아 대행하는 업
5. 카지노업 : 전문 영업장을 갖추고 주사위 · 트럼프 · 슬롯머신 등 특정한 기구 등을 이용하여 우연의 결과에 따라 특정인에게 재산상의 이익을 주고 다른 참가자에게 손실을 주는 행위 등을 하는 업
6. 유원시설업(遊園施設業) : 유기시설(遊技施設)이나 유기기구(遊技機具)를

갖추어 이를 관광객에게 이용하게 하는 업(다른 영업을 경영하면서 관광객의 유치 또는 광고 등을 목적으로 유기시설이나 유기기구를 설치하여 이를 이용하게 하는 경우를 포함한다)

7. 관광 편의시설업 : 제1호부터 제6호까지의 규정에 따른 관광사업 외에 관광 진흥에 이바지할 수 있다고 인정되는 사업이나 시설 등을 운영하는 업

② 제1항제1호부터 제4호까지, 제6호 및 제7호에 따른 관광사업은 대통령령으로 정하는 바에 따라 세분할 수 있다.

**제4조(등록)** ① 제3조제1항제1호부터 제4호까지의 규정에 따른 여행업, 관광숙박업, 관광객 이용시설업 및 국제회의업을 경영하려는 자는 특별자치도지사·시장·군수·구청장(자치구의 구청장을 말한다. 이하 같다)에게 등록하여야 한다. 〈개정 2009.3.25.〉

② 삭제 〈2009.3.25.〉

③ 제1항에 따른 등록을 하려는 자는 대통령령으로 정하는 자본금·시설 및 설비 등을 갖추어야 한다. 〈신설 2007.7.19., 2009.3.25.〉

④ 제1항에 따라 등록한 사항 중 대통령령으로 정하는 중요 사항을 변경하려면 변경등록을 하여야 한다. 〈개정 2007.7.19., 2009.3.25.〉

⑤ 제1항 및 제4항에 따른 등록 또는 변경등록의 절차 등에 필요한 사항은 문화체육관광부령으로 정한다. 〈개정 2007.7.19., 2008.2.29., 2009.3.25.〉

**제5조(허가와 신고)** ① 제3조제1항제5호에 따른 카지노업을 경영하려는 자는 전용영업장 등 문화체육관광부령으로 정하는 시설과 기구를 갖추어 문화체육관광부장관의 허가를 받아야 한다. 〈개정 2008.2.29.〉

② 제3조제1항제6호에 따른 유원시설업 중 대통령령으로 정하는 유원시설업을 경영하려는 자는 문화체육관광부령으로 정하는 시설과 설비를 갖추어 특별자치도지사·시장·군수·구청장의 허가를 받아야 한다. 〈개정 2008.2.29., 2008.6.5.〉

③ 제1항과 제2항에 따라 허가받은 사항 중 문화체육관광부령으로 정하는 중

요 사항을 변경하려면 변경허가를 받아야 한다. 다만, 경미한 사항을 변경하려면 변경신고를 하여야 한다. 〈개정 2008.2.29.〉

④ 제2항에 따라 대통령령으로 정하는 유원시설업 외의 유원시설업을 경영하려는 자는 문화체육관광부령으로 정하는 시설과 설비를 갖추어 특별자치도지사 · 시장 · 군수 · 구청장에게 신고하여야 한다. 신고한 사항 중 문화체육관광부령으로 정하는 중요 사항을 변경하려는 경우에도 또한 같다. 〈개정 2008.2.29., 2008.6.5.〉

⑤ 제1항부터 제4항까지의 규정에 따른 허가 및 신고의 절차 등에 필요한 사항은 문화체육관광부령으로 정한다. 〈개정 2008.2.29.〉

**제6조(지정)** 제3조제1항제7호에 따른 관광 편의시설업을 경영하려는 자는 문화체육관광부령으로 정하는 바에 따라 특별시장 · 광역시장 · 도지사 · 특별자치도지사(이하 "시 · 도지사"라 한다) 또는 시장 · 군수 · 구청장의 지정을 받을 수 있다. 〈개정 2007.7.19., 2008.2.29., 2009.3.25.〉

**제7조(결격사유)** ① 다음 각 호의 어느 하나에 해당하는 자는 관광사업의 등록등을 받거나 신고를 할 수 없고, 제15조제1항 및 제2항에 따른 사업계획의 승인을 받을 수 없다. 법인의 경우 그 임원 중에 다음 각 호의 어느 하나에 해당하는 자가 있는 경우에도 또한 같다.

1. 금치산자 · 한정치산자
2. 파산선고를 받고 복권되지 아니한 자
3. 이 법에 따라 등록등 또는 사업계획의 승인이 취소되거나 제36조제1항에 따라 영업소가 폐쇄된 후 2년이 지나지 아니한 자
4. 이 법을 위반하여 징역 이상의 실형을 선고받고 그 집행이 끝나거나 집행을 받지 아니하기로 확정된 후 2년이 지나지 아니한 자 또는 형의 집행유예 기간 중에 있는 자

② 관광사업의 등록등을 받거나 신고를 한 자 또는 사업계획의 승인을 받은 자가 제1항 각 호의 어느 하나에 해당하면 문화체육관광부장관, 시 · 도지사

또는 시장 · 군수 · 구청장(이하 "등록기관등의 장"이라 한다)은 3개월 이내에 그 등록등 또는 사업계획의 승인을 취소하거나 영업소를 폐쇄하여야 한다. 다만, 법인의 임원 중 그 사유에 해당하는 자가 있는 경우 3개월 이내에 그 임원을 바꾸어 임명한 때에는 그러하지 아니하다. 〈개정 2008.2.29.〉

**제8조(관광사업의 양수 등)** ① 관광사업을 양수(讓受)한 자 또는 관광사업을 경영하는 법인이 합병한 때에는 합병 후 존속하거나 설립되는 법인은 그 관광사업의 등록등 또는 신고에 따른 관광사업자의 권리 · 의무(제20조제1항에 따라 분양이나 회원 모집을 한 경우에는 그 관광사업자와 공유자 또는 회원 간에 약정한 사항을 포함한다)를 승계한다.

② 다음 각 호의 어느 하나에 해당하는 절차에 따라 문화체육관광부령으로 정하는 주요한 관광사업 시설의 전부를 인수한 자는 그 관광사업자의 지위(제20조제1항에 따라 분양이나 회원 모집을 한 경우에는 그 관광사업자와 공유자 또는 회원 간에 약정한 권리 및 의무 사항을 포함한다)를 승계한다. 〈개정 2008.2.29., 2010.3.31., 2016.12.27.〉

1. 「민사집행법」에 따른 경매
2. 「채무자 회생 및 파산에 관한 법률」에 따른 환가(換價)
3. 「국세징수법」, 「관세법」 또는 「지방세징수법」에 따른 압류 재산의 매각
4. 그 밖에 제1호부터 제3호까지의 규정에 준하는 절차

③ 관광사업자가 제35조제1항 및 제2항에 따른 취소 · 정지처분 또는 개선명령을 받은 경우 그 처분 또는 명령의 효과는 제1항에 따라 관광사업자의 지위를 승계한 자에게 승계되며, 그 절차가 진행 중인 때에는 새로운 관광사업자에게 그 절차를 계속 진행할 수 있다. 다만, 그 승계한 관광사업자가 양수나 합병 당시 그 처분 · 명령이나 위반 사실을 알지 못하였음을 증명하면 그러하지 아니하다.

④ 제1항과 제2항에 따라 관광사업자의 지위를 승계한 자는 승계한 날부터 1개월 이내에 관할 등록기관등의 장에게 신고하여야 한다.

⑤ 제15조제1항 및 제2항에 따른 사업계획의 승인을 받은 자의 지위승계에

관하여는 제1항부터 제4항까지의 규정을 준용한다.

⑥ 제1항과 제2항에 따른 관광사업자의 지위를 승계하는 자에 관하여는 제7조를 준용하되, 카지노사업자의 경우에는 제7조 및 제22조를 준용한다. 〈개정 2008.3.28.〉

⑦ 관광사업자가 그 사업의 전부 또는 일부를 휴업하거나 폐업한 때에는 관할 등록기관등의 장에게 알려야 한다.

[시행일 : 2017.3.28.] 제8조

**제9조(보험 가입 등)** 관광사업자는 해당 사업과 관련하여 사고가 발생하거나 관광객에게 손해가 발생하면 문화체육관광부령으로 정하는 바에 따라 피해자에게 보험금을 지급할 것을 내용으로 하는 보험 또는 공제에 가입하거나 영업보증금을 예치(이하 "보험 가입 등"이라 한다)하여야 한다. 〈개정 2008.2.29., 2015.5.18.〉

**제10조(관광표지의 부착 등)** ① 관광사업자는 사업장에 문화체육관광부령으로 정하는 관광표지를 붙일 수 있다. 〈개정 2008.2.29.〉

② 관광사업자는 사실과 다르게 제1항에 따른 관광표지(이하 "관광표지"라 한다)를 붙이거나 관광표지에 기재되는 내용을 사실과 다르게 표시 또는 광고하는 행위를 하여서는 아니 된다. 〈신설 2014.3.11.〉

③ 관광사업자가 아닌 자는 제1항에 따른 관광표지를 사업장에 붙이지 못하며, 관광사업자로 잘못 알아볼 우려가 있는 경우에는 제3조에 따른 관광사업의 명칭 중 전부 또는 일부가 포함되는 상호를 사용할 수 없다. 〈개정 2014.3.11.〉

④ 제3항에 따라 관광사업자가 아닌 자가 사용할 수 없는 상호에 포함되는 관광사업의 명칭 중 전부 또는 일부의 구체적인 범위에 관하여는 대통령령으로 정한다. 〈개정 2014.3.11.〉

[제목개정 2014.3.11.]

**제11조(관광시설의 타인 경영 및 처분과 위탁 경영)** ① 관광사업자는 관광사업의 시설 중 다음 각 호의 시설 및 기구 외의 부대시설을 타인에게 경영하도록

하거나, 그 용도로 계속하여 사용하는 것을 조건으로 타인에게 처분할 수 있다. 〈개정 2007.7.19., 2008.2.29., 2011.4.5.〉

1. 제4조제3항에 따른 관광숙박업의 등록에 필요한 객실
2. 제4조제3항에 따른 관광객 이용시설업의 등록에 필요한 시설 중 문화체육관광부령으로 정하는 시설
3. 제23조에 따른 카지노업의 허가를 받는 데 필요한 시설과 기구
4. 제33조제1항에 따라 안전성검사를 받아야 하는 유기시설 및 유기기구

② 관광사업자는 관광사업의 효율적 경영을 위하여 제1항에도 불구하고 제1항제1호에 따른 관광숙박업의 객실을 타인에게 위탁하여 경영하게 할 수 있다. 이 경우 해당 시설의 경영은 관광사업자의 명의로 하여야 하고, 이용자 또는 제3자와의 거래행위에 따른 대외적 책임은 관광사업자가 부담하여야 한다. 〈신설 2011.4.5.〉

[제목개정 2007.7.19., 2011.4.5.]

## 제2절 여행업

**제12조(기획여행의 실시)** 제4조제1항에 따라 여행업의 등록을 한 자(이하 "여행업자"라 한다)는 문화체육관광부령으로 정하는 요건을 갖추어 문화체육관광부령으로 정하는 바에 따라 기획여행을 실시할 수 있다. 〈개정 2008.2.29.〉

**제12조의2(의료관광 활성화)** ① 문화체육관광부장관은 외국인 의료관광(의료관광이란 국내 의료기관의 진료, 치료, 수술 등 의료서비스를 받는 환자와 그 동반자가 의료서비스와 병행하여 관광하는 것을 말한다. 이하 같다)의 활성화를 위하여 대통령령으로 정하는 기준을 충족하는 외국인 의료관광 유치·지원 관련 기관에 「관광진흥개발기금법」에 따른 관광진흥개발기금을 대여하거나 보조할 수 있다.

② 제1항에 규정된 사항 외에 외국인 의료관광 지원에 필요한 사항에 대하여 대통령령으로 정할 수 있다.

[본조신설 2009.3.25.]

**제13조(국외여행 인솔자)** ① 여행업자가 내국인의 국외여행을 실시할 경우 여행자의 안전 및 편의 제공을 위하여 그 여행을 인솔하는 자를 둘 때에는 문화체육관광부령으로 정하는 자격요건에 맞는 자를 두어야 한다. 〈개정 2008.2.29., 2011.4.5.〉

② 제1항에 따른 국외여행 인솔자의 자격요건을 갖춘 자가 내국인의 국외여행을 인솔하려면 문화체육관광부장관에게 등록하여야 한다. 〈신설 2011.4.5.〉

③ 문화체육관광부장관은 제2항에 따라 등록한 자에게 국외여행 인솔자 자격증을 발급하여야 한다. 〈신설 2011.4.5.〉

④ 제2항 및 제3항에 따른 등록의 절차 및 방법, 자격증의 발급 등에 필요한 사항은 문화체육관광부령으로 정한다. 〈신설 2011.4.5.〉

**제14조(여행계약 등)** ① 여행업자는 여행자와 계약을 체결할 때에는 여행자를 보호하기 위하여 문화체육관광부령으로 정하는 바에 따라 해당 여행지에 대한 안전정보를 서면으로 제공하여야 한다. 해당 여행지에 대한 안전정보가 변경된 경우에도 또한 같다. 〈개정 2011.4.5., 2015.2.3.〉

② 여행업자는 여행자와 여행계약을 체결하였을 때에는 그 서비스에 관한 내용을 적은 여행계약서(여행일정표 및 약관을 포함한다. 이하 같다) 및 보험 가입 등을 증명할 수 있는 서류를 여행자에게 내주어야 한다. 〈개정 2015.5.18.〉

③ 여행업자는 여행일정(선택관광 일정을 포함한다)을 변경하려면 문화체육관광부령으로 정하는 바에 따라 여행자의 사전 동의를 받아야 한다.

[전문개정 2009.3.25.]

## 제3절 관광숙박업 및 관광객 이용시설업 등

**제15조(사업계획의 승인)** ① 관광숙박업을 경영하려는 자는 제4조제1항에 따른 등록을 하기 전에 그 사업에 대한 사업계획을 작성하여 특별자치도지사 · 시

장 · 군수 · 구청장의 승인을 받아야 한다. 승인을 받은 사업계획 중 부지, 대지 면적, 건축 연면적의 일정 규모 이상의 변경 등 대통령령으로 정하는 사항을 변경하려는 경우에도 또한 같다. 〈개정 2008.6.5., 2009.3.25.〉

② 대통령령으로 정하는 관광객 이용시설업이나 국제회의업을 경영하려는 자는 제4조제1항에 따른 등록을 하기 전에 그 사업에 대한 사업계획을 작성하여 특별자치도지사 · 시장 · 군수 · 구청장의 승인을 받을 수 있다. 승인을 받은 사업계획 중 부지, 대지 면적, 건축 연면적의 일정 규모 이상의 변경 등 대통령령으로 정하는 사항을 변경하려는 경우에도 또한 같다. 〈개정 2008.6.5., 2009.3.25.〉

③ 제1항과 제2항에 따른 사업계획의 승인 또는 변경승인의 기준 · 절차 등에 필요한 사항은 대통령령으로 정한다.

**제16조(사업계획 승인 시의 인 · 허가 의제 등)** ①제15조제1항 및 제2항에 따라 사업계획의 승인을 받은 때에는 다음 각 호의 허가 또는 해제를 받거나 신고를 한 것으로 본다. 〈개정 2007.12.27., 2009.3.25., 2010.4.15., 2010.5.31.〉

1. 「농지법」 제34조제1항에 따른 농지전용의 허가
2. 「산지관리법」 제14조 · 제15조에 따른 산지전용허가 및 산지전용신고, 같은 법 제15조의2에 따른 산지일시사용허가 · 신고, 「산림자원의 조성 및 관리에 관한 법률」 제36조제1항 · 제4항 및 제45조제1항 · 제2항에 따른 입목벌채 등의 허가 · 신고
3. 「사방사업법」 제20조에 따른 사방지(砂防地) 지정의 해제
4. 「초지법」 제23조에 따른 초지전용(草地轉用)의 허가
5. 「하천법」 제30조에 따른 하천공사 등의 허가 및 실시계획의 인가, 같은 법 제33조에 따른 점용허가(占用許可) 및 실시계획의 인가
6. 「공유수면 관리 및 매립에 관한 법률」 제8조에 따른 공유수면의 점용 · 사용허가 및 같은 법 제17조에 따른 점용 · 사용 실시계획의 승인 또는 신고
7. 「사도법」 제4조에 따른 사도개설(私道開設)의 허가
8. 「국토의 계획 및 이용에 관한 법률」 제56조에 따른 개발행위의 허가

9.「장사 등에 관한 법률」 제8조제3항에 따른 분묘의 개장신고(改葬申告) 및 같은 법 제27조에 따른 분묘의 개장허가(改葬許可)

② 특별자치도지사 · 시장 · 군수 · 구청장은 제1항 각 호의 어느 하나에 해당하는 사항이 포함되어 있는 사업계획을 승인하려면 미리 소관 행정기관의 장과 협의하여야 하고, 그 사업계획을 승인한 때에는 지체 없이 소관 행정기관의 장에게 그 내용을 통보하여야 한다. 〈개정 2008.6.5.〉

③ 특별자치도지사 · 시장 · 군수 · 구청장은 제15조제1항 및 제2항에 따른 사업계획의 변경승인을 하려는 경우 건축물의 용도변경이 포함되어 있으면 미리 소관 행정기관의 장과 협의하여야 한다. 〈개정 2008.6.5.〉

④ 관광사업자(관광숙박업만 해당한다)가 제15조제1항 후단에 따라 사업계획의 변경승인을 받은 경우에는「건축법」에 따른 용도변경의 허가를 받거나 신고를 한 것으로 본다.

⑤ 제15조제1항에 따른 사업계획의 승인 또는 변경승인을 받은 경우 그 사업계획에 따른 관광숙박시설 및 그 시설 안의 위락시설로서「국토의 계획 및 이용에 관한 법률」에 따라 지정된 다음 각 호의 용도지역의 시설에 대하여는 같은 법 제76조제1항을 적용하지 아니한다. 다만, 주거지역에서는 주거환경의 보호를 위하여 대통령령으로 정하는 사업계획승인기준에 맞는 경우에 한한다.

1. 상업지역
2. 주거지역 · 공업지역 및 녹지지역 중 대통령령으로 정하는 지역

⑥ 제15조제1항에 따른 사업계획의 승인을 받은 경우 그 사업계획에 따른 관광숙박시설로서 대통령령으로 정하는 지역 내 위치하면서「학교보건법」 제2조에 따른 학교 출입문 또는 학교설립예정지 출입문으로부터 직선거리로 75미터 이내에 위치한 관광숙박시설의 설치와 관련하여서는「학교보건법」 제6조제1항 각 호 외의 부분 단서를 적용하지 아니한다. 〈신설 2015.12.22.〉

⑦ 제15조제1항에 따른 사업계획의 승인 또는 변경승인을 받은 경우 그 사업계획에 따른 관광숙박시설로서 다음 각 호에 적합한 시설에 대해서는「학교보

건법」 제6조제1항제13호를 적용하지 아니한다. 〈신설 2015.12.22.〉

1. 관광숙박시설에서 「학교보건법」 제6조제1항제12호, 제14호부터 제16호까지 또는 제18호부터 제20호까지의 규정에 따른 행위 및 시설 중 어느 하나에 해당하는 행위 및 시설이 없을 것
2. 관광숙박시설의 객실이 100실 이상일 것
3. 대통령령으로 정하는 지역 내 위치할 것
4. 대통령령으로 정하는 바에 따라 관광숙박시설 내 공용공간을 개방형 구조로 할 것
5. 「학교보건법」 제2조에 따른 학교 출입문 또는 학교설립예정지 출입문으로부터 직선거리로 75미터 이상에 위치할 것

⑧ 제7항 각 호의 요건을 충족하여 「학교보건법」 제6조제1항제13호를 적용받지 아니하고 관광숙박시설을 설치하려는 자는 「건축법」 제4조에 따른 건축위원회의 교육환경 저해여부에 관한 심의를 받아야 한다. 〈신설 2015.12.22.〉

⑨ 특별자치도지사 · 시장 · 군수 · 구청장은 제15조제1항에 따른 사업계획(제7항 각 호의 요건을 충족하여 「학교보건법」 제6조제1항제13호를 적용받지 아니하고 관광숙박시설을 설치하려는 자의 사업계획에 한정한다)의 승인 또는 변경승인을 하려는 경우에는 교육환경 보호 및 교통안전 보호조치를 취하도록 하는 조건을 붙일 수 있다. 〈신설 2015.12.22.〉

[법률 제13594호(2015.12.22.) 부칙 제2조의 규정에 의하여 이 조제6항부터 제9항까지는 2021년 3월 24일까지 유효함]

**제17조(관광숙박업 등의 등록심의위원회)** ① 제4조제1항에 따른 관광숙박업 및 대통령령으로 정하는 관광객 이용시설업이나 국제회의업의 등록(등록 사항의 변경을 포함한다. 이하 이 조에서 같다)에 관한 사항을 심의하기 위하여 특별자치도지사 · 시장 · 군수 · 구청장(권한이 위임된 경우에는 그 위임을 받은 기관을 말한다. 이하 이 조 및 제18조에서 같다) 소속으로 관광숙박업 및 관광객 이용시설업 등록심의위원회(이하 "위원회"라 한다)를 둔다. 〈개정 2008.6.5., 2009.3.25.〉

② 위원회는 위원장과 부위원장 각 1명을 포함한 위원 10명 이내로 구성하되, 위원장은 특별자치도 · 시 · 군 · 구(자치구만 해당한다. 이하 같다)의 부지사 · 부시장 · 부군수 · 부구청장이 되고, 부위원장은 위원 중에서 위원장이 지정하는 자가 되며, 위원은 제18조제1항 각 호에 따른 신고 또는 인 · 허가 등의 소관 기관의 직원이 된다. 〈개정 2008.6.5.〉

③ 위원회는 다음 각 호의 사항을 심의한다. 〈개정 2007.7.19., 2015.12.22.〉

1. 관광숙박업 및 대통령령으로 정하는 관광객 이용시설업이나 국제회의업의 등록기준 등에 관한 사항
2. 제18조제1항 각 호에서 정한 사업이 관계 법령상 신고 또는 인 · 허가 등의 요건에 해당하는지에 관한 사항
3. 제15조제1항에 따라 사업계획 승인 또는 변경승인을 받고 관광사업 등록(제16조제7항에 따라 「학교보건법」 제6조제1항제13호를 적용받지 아니하고 관광숙박시설을 설치하려는 경우에 한정한다)을 신청한 경우 제16조제7항 각 호의 요건을 충족하는지에 관한 사항

④ 특별자치도지사 · 시장 · 군수 · 구청장은 제1항에 따른 관광숙박업, 관광객 이용시설업, 국제회의업의 등록을 하려면 미리 위원회의 심의를 거쳐야 한다. 다만, 대통령령으로 정하는 경미한 사항의 변경에 관하여는 위원회의 심의를 거치지 아니할 수 있다. 〈개정 2008.6.5.〉

⑤ 위원회의 구성 · 운영이나 그 밖에 위원회에 필요한 사항은 대통령령으로 정한다.

[법률 제13594호(2015.12.22.) 부칙 제2조의 규정에 의하여 이 조제3항제3호는 2021년 3월 24일까지 유효함]

**제18조(등록 시의 신고 · 허가 의제 등)** ① 특별자치도지사 · 시장 · 군수 · 구청장이 위원회의 심의를 거쳐 등록을 하면 그 관광사업자는 다음 각 호의 신고를 하였거나 인 · 허가 등을 받은 것으로 본다. 〈개정 2008.6.5., 2009.2.6., 2011.6.15., 2017.1.17.〉

1. 「공중위생관리법」 제3조에 따른 숙박업 · 목욕장업 · 이용업 · 미용업 또는 세탁업의 신고
2. 「식품위생법」 제36조에 따른 식품접객업으로서 대통령령으로 정하는 영업의 허가 또는 신고
3. 「주세법」 제8조에 따른 주류판매업의 면허 또는 신고
4. 「외국환거래법」 제8조제3항제1호에 따른 외국환업무의 등록
5. 「담배사업법」 제16조에 따른 담배소매인의 지정
6. 삭제 〈2015.12.22.〉
7. 「체육시설의 설치 · 이용에 관한 법률」 제10조에 따른 신고 체육시설업으로서 같은 법 제20조에 따른 체육시설업의 신고
8. 「해사안전법」 제34조제3항에 따른 해상 레저 활동의 허가
9. 「의료법」 제35조에 따른 부속의료기관의 개설신고 또는 개설허가

② 특별자치도지사 · 시장 · 군수 · 구청장은 제1항에 따라 관광숙박업, 관광객 이용시설업 및 국제회의업의 등록을 한 때에는 지체 없이 제1항 각 호의 신고 또는 인 · 허가 등의 소관 행정기관의 장에게 그 내용을 통보하여야 한다. 〈개정 2008.6.5.〉

[시행일 : 2017.7.18.] 제18조

**제18조의2(관광숙박업자의 준수사항)** 제4조제1항에 따라 등록한 관광숙박업자 중 제16조제7항에 따라 「학교보건법」 제6조제1항제13호를 적용받지 아니하고 관광숙박시설을 설치한 자는 다음 각 호의 사항을 준수하여야 한다.

1. 관광숙박시설에서 「학교보건법」 제6조제1항제12호, 제14호부터 제16호까지 또는 제18호부터 제20호까지의 규정에 따른 행위 및 시설 중 어느 하나에 해당하는 행위 및 시설이 없을 것
2. 관광숙박시설의 객실이 100실 이상일 것
3. 대통령령으로 정하는 지역 내 위치할 것
4. 대통령령으로 정하는 바에 따라 관광숙박시설 내 공용공간을 개방형 구조로 할 것

5. 「학교보건법」 제2조에 따른 학교 출입문 또는 학교설립예정지 출입문으로부터 직선거리로 75미터 이상에 위치할 것

[본조신설 2015.12.22.]

**제19조(관광숙박업 등의 등급)** ① 문화체육관광부장관은 관광숙박시설 및 야영장 이용자의 편의를 돕고, 관광숙박시설 · 야영장 및 서비스의 수준을 효율적으로 유지 · 관리하기 위하여 관광숙박업자 및 야영장업자의 신청을 받아 관광숙박업 및 야영장업에 대한 등급을 정할 수 있다. 다만, 제4조제1항에 따라 호텔업 등록을 한 자 중 대통령령으로 정하는 자는 등급결정을 신청하여야 한다. 〈개정 2008.2.29., 2014.3.11., 2015.2.3.〉

② 문화체육관광부장관은 제1항에 따라 관광숙박업 및 야영장업에 대한 등급결정을 하는 경우 유효기간을 정하여 등급을 정할 수 있다. 〈개정 2014.3.11., 2015.2.3.〉

③ 문화체육관광부장관은 제1항에 따른 등급결정을 위하여 필요한 경우에는 관계 전문가에게 관광숙박업 및 야영장업의 시설 및 운영 실태에 관한 조사를 의뢰할 수 있다. 〈신설 2014.3.11., 2015.2.3.〉

④ 문화체육관광부장관은 제1항에 따른 등급결정 결과에 관한 사항을 공표할 수 있다. 〈신설 2014.3.11.〉

⑤ 관광숙박업 및 야영장업 등급의 구분에 관한 사항은 대통령령으로 정하고, 등급결정의 유효기간 · 신청 시기 · 절차 및 등급결정 결과 공표 등에 관한 사항은 문화체육관광부령으로 정한다. 〈신설 2014.3.11., 2015.2.3.〉

[제목개정 2015.2.3.]

**제19조의2(우수숙박시설의 지정)** ① 문화체육관광부장관이나 지방자치단체의 장은 관광객이 숙박시설을 편리하게 이용하고, 우수한 숙박시설이 늘어나도록 하기 위하여 「공중위생관리법」에 따른 숙박업의 시설(제3조제1항제2호에 따른 관광숙박업의 시설을 제외한다. 이하 "숙박시설"이라 한다) 중 대통령령 또는 조례로 정하는 기준에 맞는 숙박시설을 우수숙박시설로 지정할 수 있다.

② 우수숙박시설로 지정된 숙박시설에 대하여 문화체육관광부장관은 대통령령으로 정하는 바에 따라, 지방자치단체의 장은 조례로 정하는 바에 따라 다음 각 호의 지원을 할 수 있다.

1. 「관광진흥개발기금법」에 따른 관광진흥개발기금의 대여
2. 국내 또는 국외에서의 홍보
3. 그 밖에 숙박시설의 운영 및 개선을 위하여 필요한 사항

③ 우수숙박시설 지정의 절차 및 지정의 취소 등에 필요한 사항은 대통령령 또는 조례로 정한다.

[본조신설 2009.3.25.]

**제20조(분양 및 회원 모집)** ① 관광숙박업이나 관광객 이용시설업으로서 대통령령으로 정하는 종류의 관광사업을 등록한 자 또는 그 사업계획의 승인을 받은 자가 아니면 그 관광사업의 시설에 대하여 분양(휴양 콘도미니엄만 해당한다. 이하 같다) 또는 회원 모집을 하여서는 아니 된다.

② 누구든지 다음 각 호의 어느 하나에 해당하는 행위를 하여서는 아니 된다. 〈개정 2007.7.19.〉

1. 제1항에 따른 분양 또는 회원모집을 할 수 없는 자가 관광숙박업이나 관광객 이용시설업으로서 대통령령으로 정하는 종류의 관광사업 또는 이와 유사한 명칭을 사용하여 분양 또는 회원모집을 하는 행위
2. 관광숙박시설과 관광숙박시설이 아닌 시설을 혼합 또는 연계하여 이를 분양하거나 회원을 모집하는 행위. 다만, 대통령령으로 정하는 종류의 관광숙박업의 등록을 받은 자 또는 그 사업계획의 승인을 얻은 자가 「체육시설의 설치 · 이용에 관한 법률」 제12조에 따라 골프장의 사업계획을 승인받은 경우에는 관광숙박시설과 해당 골프장을 연계하여 분양하거나 회원을 모집할 수 있다.
3. 공유자 또는 회원으로부터 제1항에 따른 관광사업의 시설에 관한 이용권리를 양도받아 이를 이용할 수 있는 회원을 모집하는 행위

③ 제1항에 따라 분양 또는 회원모집을 하려는 자가 사용하는 약관에는 제5항

각 호의 사항이 포함되어야 한다.

④ 제1항에 따라 분양 또는 회원 모집을 하려는 자는 대통령령으로 정하는 분양 또는 회원 모집의 기준 및 절차에 따라 분양 또는 회원 모집을 하여야 한다.

⑤ 분양 또는 회원 모집을 한 자는 공유자 · 회원의 권익을 보호하기 위하여 다음 각 호의 사항에 관하여 대통령령으로 정하는 사항을 지켜야 한다.

1. 공유지분(共有持分) 또는 회원자격의 양도 · 양수
2. 시설의 이용
3. 시설의 유지 · 관리에 필요한 비용의 징수
4. 회원 입회금의 반환
5. 회원증의 발급과 확인
6. 공유자 · 회원의 대표기구 구성
7. 그 밖에 공유자 · 회원의 권익 보호를 위하여 대통령령으로 정하는 사항

**제20조의2(야영장업자의 준수사항)** 제4조제1항에 따라 야영장업의 등록을 한 자는 문화체육관광부령으로 정하는 안전 · 위생기준을 지켜야 한다.
[본조신설 2015.2.3.]

## 제4절 카지노업

**제21조(허가 요건 등)** ① 문화체육관광부장관은 제5조제1항에 따른 카지노업(이하 "카지노업"이라 한다)의 허가신청을 받으면 다음 각 호의 어느 하나에 해당하는 경우에만 허가할 수 있다. 〈개정 2008.2.29., 2008.6.5.〉

1. 국제공항이나 국제여객선터미널이 있는 특별시 · 광역시 · 도 · 특별자치도(이하 "시 · 도"라 한다)에 있거나 관광특구에 있는 관광숙박업 중 호텔업 시설(관광숙박업의 등급 중 최상 등급을 받은 시설만 해당하며, 시 · 도에 최상 등급의 시설이 없는 경우에는 그 다음 등급의 시설만 해당한다) 또는 대통령령으로 정하는 국제회의업 시설의 부대시설에서 카지노업을 하려는

경우로서 대통령령으로 정하는 요건에 맞는 경우

2. 우리나라와 외국을 왕래하는 여객선에서 카지노업을 하려는 경우로서 대통령령으로 정하는 요건에 맞는 경우

② 문화체육관광부장관이 공공의 안녕, 질서유지 또는 카지노업의 건전한 발전을 위하여 필요하다고 인정하면 대통령령으로 정하는 바에 따라 제1항에 따른 허가를 제한할 수 있다. 〈개정 2008.2.29.〉

**제21조의2(허가의 공고 등)** ① 문화체육관광부장관은 카지노업의 신규허가를 하려면 미리 다음 각 호의 사항을 정하여 공고하여야 한다.

1. 허가 대상지역
2. 허가 가능업체 수
3. 허가절차 및 허가방법
4. 세부 허가기준
5. 카지노업의 건전한 운영과 관광산업의 진흥을 위하여 문화체육관광부장관이 정하는 사항

② 문화체육관광부장관은 제1항에 따른 공고를 실시한 결과 적합한 자가 없을 경우에는 카지노업의 신규허가를 하지 아니할 수 있다.

[본조신설 2016.2.3.]

**제22조(결격사유)** ① 다음 각 호의 어느 하나에 해당하는 자는 카지노업의 허가를 받을 수 없다.

1. 19세 미만인 자
2. 「폭력행위 등 처벌에 관한 법률」 제4조에 따른 단체 또는 집단을 구성하거나 그 단체 또는 집단에 자금을 제공하여 금고 이상의 형을 선고받고 형이 확정된 자
3. 조세를 포탈(逋脫)하거나 「외국환거래법」을 위반하여 금고 이상의 형을 선고받고 형이 확정된 자
4. 금고 이상의 실형을 선고받고 그 집행이 끝나거나 집행을 받지 아니하기로

확정된 후 2년이 지나지 아니한 자

5. 금고 이상의 형의 집행유예를 선고받고 그 유예기간 중에 있는 자
6. 금고 이상의 형의 선고유예를 받고 그 유예기간 중에 있는 자
7. 임원 중에 제1호부터 제6호까지의 규정 중 어느 하나에 해당하는 자가 있는 법인

② 문화체육관광부장관은 카지노업의 허가를 받은 자(이하 "카지노사업자"라 한다)가 제1항 각 호의 어느 하나에 해당하면 그 허가를 취소하여야 한다. 다만, 법인의 임원 중 그 사유에 해당하는 자가 있는 경우 3개월 이내에 그 임원을 바꾸어 임명한 때에는 그러하지 아니하다. 〈개정 2008.2.29.〉

**제23조(카지노업의 시설기준 등)** ① 카지노업의 허가를 받으려는 자는 문화체육관광부령으로 정하는 시설 및 기구를 갖추어야 한다. 〈개정 2008.2.29.〉

② 카지노사업자에 대하여는 문화체육관광부령으로 정하는 바에 따라 제1항에 따른 시설 중 일정 시설에 대하여 문화체육관광부장관이 지정 · 고시하는 검사기관의 검사를 받게 할 수 있다. 〈개정 2008.2.29.〉

③ 카지노사업자는 제1항에 따른 시설 및 기구를 유지 · 관리하여야 한다.

**제24조(조건부 영업허가)** ① 문화체육관광부장관은 카지노업을 허가할 때 1년의 범위에서 대통령령으로 정하는 기간에 제23조제1항에 따른 시설 및 기구를 갖출 것을 조건으로 허가할 수 있다. 다만, 천재지변이나 그 밖의 부득이한 사유가 있다고 인정하는 경우에는 해당 사업자의 신청에 따라 한 차례에 한하여 6개월을 넘지 아니하는 범위에서 그 기간을 연장할 수 있다. 〈개정 2008.2.29., 2011.4.5.〉

② 문화체육관광부장관은 제1항에 따른 허가를 받은 자가 정당한 사유 없이 제1항에 따른 기간에 허가 조건을 이행하지 아니하면 그 허가를 즉시 취소하여야 한다. 〈개정 2008.2.29., 2011.4.5.〉

③ 제1항에 따른 허가를 받은 자는 제1항에 따른 기간 내에 허가 조건에 해당하는 필요한 시설 및 기구를 갖춘 경우 그 내용을 문화체육관광부장관에게 신

고하여야 한다. 〈신설 2011.4.5.〉

**제25조(카지노기구의 규격 및 기준 등)** ① 문화체육관광부장관은 카지노업에 이용되는 기구(이하 "카지노기구"라 한다)의 형상 · 구조 · 재질 및 성능 등에 관한 규격 및 기준(이하 "공인기준등"이라 한다)을 정하여야 한다. 〈개정 2008.2.29.〉

② 문화체육관광부장관은 문화체육관광부령으로 정하는 바에 따라 문화체육관광부장관이 지정하는 검사기관의 검정을 받은 카지노기구의 규격 및 기준을 공인기준등으로 인정할 수 있다. 〈개정 2008.2.29.〉

③ 카지노사업자가 카지노기구를 영업장소(그 부대시설 등을 포함한다)에 반입 · 사용하는 경우에는 문화체육관광부령으로 정하는 바에 따라 그 카지노기구가 공인기준등에 맞는지에 관하여 문화체육관광부장관의 검사를 받아야 한다. 〈개정 2008.2.29.〉

④ 제3항에 따른 검사에 합격된 카지노기구에는 문화체육관광부령으로 정하는 바에 따라 검사에 합격하였음을 증명하는 증명서(이하 "검사합격증명서"이라 한다)를 붙이거나 표시하여야 한다. 〈개정 2008.2.29.〉

**제26조(카지노업의 영업 종류와 영업 방법 등)** ① 카지노업의 영업 종류는 문화체육관광부령으로 정한다. 〈개정 2008.2.29.〉

② 카지노사업자는 문화체육관광부령으로 정하는 바에 따라 제1항에 따른 카지노업의 영업 종류별 영업 방법 및 배당금 등에 관하여 문화체육관광부장관에게 미리 신고하여야 한다. 신고한 사항을 변경하려는 경우에도 또한 같다. 〈개정 2008.2.29.〉

**제27조(지도와 명령)** 문화체육관광부장관은 지나친 사행심 유발을 방지하는 등 그 밖에 공익을 위하여 필요하다고 인정하면 카지노사업자에게 필요한 지도와 명령을 할 수 있다. 〈개정 2008.2.29.〉

**제28조(카지노사업자 등의 준수 사항)** ① 카지노사업자(대통령령으로 정하는 종사원을 포함한다. 이하 이 조에서 같다)는 다음 각 호의 어느 하나에 해당하

는 행위를 하여서는 아니 된다.

1. 법령에 위반되는 카지노기구를 설치하거나 사용하는 행위
2. 법령을 위반하여 카지노기구 또는 시설을 변조하거나 변조된 카지노기구 또는 시설을 사용하는 행위
3. 허가받은 전용영업장 외에서 영업을 하는 행위
4. 내국인(「해외이주법」 제2조에 따른 해외이주자는 제외한다)을 입장하게 하는 행위
5. 지나친 사행심을 유발하는 등 선량한 풍속을 해칠 우려가 있는 광고나 선전을 하는 행위
6. 제26조제1항에 따른 영업 종류에 해당하지 아니하는 영업을 하거나 영업 방법 및 배당금 등에 관한 신고를 하지 아니하고 영업하는 행위
7. 총매출액을 누락시켜 제30조제1항에 따른 관광진흥개발기금 납부금액을 감소시키는 행위
8. 19세 미만인 자를 입장시키는 행위
9. 정당한 사유 없이 그 연도 안에 60일 이상 휴업하는 행위

② 카지노사업자는 카지노업의 건전한 육성·발전을 위하여 필요하다고 인정하여 문화체육관광부령으로 정하는 영업준칙을 지켜야 한다. 이 경우 그 영업준칙에는 다음 각 호의 사항이 포함되어야 한다. 〈개정 2007.7.19., 2008.2.29.〉

1. 1일 최소 영업시간
2. 게임 테이블의 집전함(集錢函) 부착 및 내기금액 한도액의 표시 의무
3. 슬롯머신 및 비디오게임의 최소배당률
4. 전산시설·환전소·계산실·폐쇄회로의 관리기록 및 회계와 관련된 기록의 유지 의무
5. 카지노 종사원의 게임참여 불가 등 행위금지사항

**제29조(카지노영업소 이용자의 준수 사항)** 카지노영업소에 입장하는 자는 카지노사업자가 외국인(「해외이주법」 제2조에 따른 해외이주자를 포함한다)임을 확인하기 위하여 신분 확인에 필요한 사항을 묻는 때에는 이에 응하여야 한다.

**제30조(기금 납부)** ① 카지노사업자는 총매출액의 100분의 10의 범위에서 일정 비율에 해당하는 금액을 「관광진흥개발기금법」에 따른 관광진흥개발기금에 내야 한다.

② 카지노사업자가 제1항에 따른 납부금을 납부기한까지 내지 아니하면 문화체육관광부장관은 10일 이상의 기간을 정하여 이를 독촉하여야 한다. 이 경우 체납된 납부금에 대하여는 100분의 3에 해당하는 가산금을 부과하여야 한다. 〈개정 2008.2.29.〉

③ 제2항에 따른 독촉을 받은 자가 그 기간에 납부금을 내지 아니하면 국세 체납처분의 예에 따라 징수한다.

④ 제1항에 따른 총매출액, 징수비율 및 부과 · 징수절차 등에 필요한 사항은 대통령령으로 정한다.

⑤ 제1항에 따른 납부금 또는 제2항 후단에 따른 가산금을 부과받은 자가 부과된 납부금 또는 가산금에 대하여 이의가 있는 경우에는 부과받은 날부터 30일 이내에 문화체육관광부장관에게 이의를 신청할 수 있다. 〈신설 2011.4.5.〉

⑥ 문화체육관광부장관은 제5항에 따라 이의신청을 받았을 때에는 그 신청을 받은 날부터 15일 이내에 이를 심의하여 그 결과를 신청인에게 서면으로 알려야 한다. 〈신설 2011.4.5.〉

## 제5절 유원시설업

**제31조(조건부 영업허가)** ① 특별자치도지사 · 시장 · 군수 · 구청장은 유원시설업 허가를 할 때 5년의 범위에서 대통령령으로 정하는 기간에 제5조제2항에 따른 시설 및 설비를 갖출 것을 조건으로 허가할 수 있다. 다만, 천재지변이나 그 밖의 부득이한 사유가 있다고 인정하는 경우에는 해당 사업자의 신청에 따라 한 차례에 한하여 1년을 넘지 아니하는 범위에서 그 기간을 연장할 수 있다. 〈개정 2008.6.5., 2011.4.5.〉

② 특별자치도지사 · 시장 · 군수 · 구청장은 제1항에 따른 허가를 받은 자가 정당한 사유 없이 제1항에 따른 기간에 허가 조건을 이행하지 아니하면 그 허가를 즉시 취소하여야 한다. 〈개정 2008.6.5., 2011.4.5.〉

③ 제1항에 따른 허가를 받은 자는 제1항에 따른 기간 내에 허가 조건에 해당하는 필요한 시설 및 기구를 갖춘 경우 그 내용을 특별자치도지사 · 시장 · 군수 · 구청장에게 신고하여야 한다. 〈신설 2011.4.5.〉

**제32조(물놀이형 유원시설업자의 준수사항)** 제5조제2항 또는 제4항에 따라 유원시설업의 허가를 받거나 신고를 한 자(이하 "유원시설업자"라 한다)중 물놀이형 유기시설 또는 유기기구를 설치한 자는 문화체육관광부령으로 정하는 안전 · 위생기준을 지켜야 한다.

[전문개정 2009.3.25.]

**제33조(안전성검사 등)** ① 유원시설업자 및 유원시설업의 허가 또는 변경허가를 받으려는 자(조건부 영업허가를 받은 자로서 그 조건을 이행한 후 영업을 시작하려는 경우를 포함한다)는 문화체육관광부령으로 정하는 안전성검사 대상 유기시설 또는 유기기구에 대하여 문화체육관광부령에서 정하는 바에 따라 특별자치도지사 · 시장 · 군수 · 구청장이 실시하는 안전성검사를 받아야 하고, 안전성검사 대상이 아닌 유기시설 또는 유기기구에 대하여는 안전성검사 대상에 해당되지 아니함을 확인하는 검사를 받아야 한다. 이 경우 특별자치도지사 · 시장 · 군수 · 구청장은 성수기 등을 고려하여 검사시기를 지정할 수 있다. 〈개정 2008.2.29., 2009.3.25., 2011.4.5.〉

② 제1항에 따라 안전성검사를 받아야 하는 유원시설업자는 유기시설 및 유기기구에 대한 안전관리를 위하여 사업장에 안전관리자를 항상 배치하여야 한다.

③ 제2항에 따른 안전관리자는 문화체육관광부장관이 실시하는 유기시설 및 유기기구의 안전관리에 관한 교육(이하 "안전교육"이라 한다)을 정기적으로 받아야 한다. 〈신설 2015.2.3.〉

④ 제2항에 따른 유원시설업자는 제2항에 따른 안전관리자가 안전교육을 받도록 하여야 한다. 〈신설 2015.2.3.〉

⑤ 제2항에 따른 안전관리자의 자격 · 배치 기준 및 임무, 안전교육의 내용 · 기간 및 방법 등에 필요한 사항은 문화체육관광부령으로 정한다. 〈개정 2008.2.29., 2015.2.3.〉

**제33조의2(사고보고의무 및 사고조사)** ① 유원시설업자는 그가 관리하는 유기시설 또는 유기기구로 인하여 대통령령으로 정하는 중대한 사고가 발생한 때에는 즉시 사용중지 등 필요한 조치를 취하고 문화체육관광부령으로 정하는 바에 따라 특별자치도지사 · 시장 · 군수 · 구청장에게 통보하여야 한다.

② 제1항에 따라 통보를 받은 특별자치도지사 · 시장 · 군수 · 구청장은 필요하다고 판단하는 경우에는 대통령령으로 정하는 바에 따라 유원시설업자에게 자료의 제출을 명하거나 현장조사를 실시할 수 있다.

③ 특별자치도지사 · 시장 · 군수 · 구청장은 제2항에 따른 자료 및 현장조사 결과에 따라 해당 유기시설 또는 유기기구가 안전에 중대한 침해를 줄 수 있다고 판단하는 경우에는 그 유원시설업자에게 대통령령으로 정하는 바에 따라 사용중지 · 개선 또는 철거를 명할 수 있다.

[본조신설 2015.5.18.]

**제34조(영업질서 유지 등)** ① 유원시설업자는 영업질서 유지를 위하여 문화체육관광부령으로 정하는 사항을 지켜야 한다. 〈개정 2008.2.29.〉

② 유원시설업자는 법령을 위반하여 제조한 유기시설 · 유기기구 또는 유기기구의 부분품(部分品)을 설치하거나 사용하여서는 아니 된다.

## 제6절 영업에 대한 지도와 감독

**제35조(등록취소 등)** ① 관할 등록기관등의 장은 관광사업의 등록등을 받거나 신고를 한 자 또는 사업계획의 승인을 받은 자가 다음 각 호의 어느 하나에

해당하면 그 등록등 또는 사업계획의 승인을 취소하거나 6개월 이내의 기간을 정하여 그 사업의 전부 또는 일부의 정지를 명하거나 시설 · 운영의 개선을 명할 수 있다. 〈개정 2007.7.19., 2009.3.25., 2011.4.5., 2014.3.11., 2015.2.3., 2015.5.18., 2015.12.22.〉

1. 제4조에 따른 등록기준에 적합하지 아니하게 된 경우 또는 변경등록기간 내에 변경등록을 하지 아니하거나 등록한 영업범위를 벗어난 경우

1의2. 제5조제2항 및 제4항에 따라 문화체육관광부령으로 정하는 시설과 설비를 갖추지 아니하게 되는 경우

2. 제5조제3항 및 제4항 후단에 따른 변경허가를 받지 아니하거나 변경신고를 하지 아니한 경우

3. 제8조제4항(같은 조 제5항에 따라 준용하는 경우를 포함한다)에 따른 기한 내에 신고를 하지 아니한 경우

3의2. 제8조제7항을 위반하여 휴업 또는 폐업을 하고 알리지 아니하는 경우

4. 제9조에 따른 보험 또는 공제에 가입하지 아니하거나 영업보증금을 예치하지 아니한 경우

4의2. 제10조제2항을 위반하여 사실과 다르게 관광표지를 붙이거나 관광표지에 기재되는 내용을 사실과 다르게 표시 또는 광고하는 행위를 한 경우

5. 제11조를 위반하여 관광사업의 시설을 타인에게 처분하거나 타인에게 경영하도록 한 경우

6. 제12조에 따른 기획여행의 실시요건 또는 실시방법을 위반하여 기획여행을 실시한 경우

7. 제14조를 위반하여 안전정보 또는 변경된 안전정보를 제공하지 아니하거나, 여행계약서 및 보험 가입 등을 증명할 수 있는 서류를 여행자에게 내주지 아니한 경우 또는 여행자의 사전 동의 없이 여행일정(선택관광 일정을 포함한다)을 변경하는 경우

8. 제15조에 따라 사업계획의 승인을 얻은 자가 정당한 사유 없이 대통령령으로 정하는 기간 내에 착공 또는 준공을 하지 아니하거나 같은 조를 위반하여

여 변경승인을 얻지 아니하고 사업계획을 임의로 변경한 경우

8의2. 제18조의2에 따른 준수사항을 위반한 경우

8의3. 제19조제1항 단서를 위반하여 등급결정을 신청하지 아니한 경우

9. 제20조제1항 및 제4항을 위반하여 분양 또는 회원모집을 하거나 같은 조 제5항에 따른 공유자 · 회원의 권익을 보호하기 위한 사항을 준수하지 아니한 경우

9의2. 제20조의2에 따른 준수사항을 위반한 경우

10. 제21조에 따른 카지노업의 허가 요건에 적합하지 아니하게 된 경우

11. 제23조제3항을 위반하여 카지노 시설 및 기구에 관한 유지 · 관리를 소홀히 한 경우

12. 제28조제1항 및 제2항에 따른 준수사항을 위반한 경우

13. 제30조를 위반하여 관광진흥개발기금을 납부하지 아니한 경우

14. 제32조에 따른 물놀이형 유원시설 등의 안전 · 위생기준을 지키지 아니한 경우

15. 제33조제1항에 따른 유기시설 또는 유기기구에 대한 안전성검사 및 안전성검사 대상에 해당되지 아니함을 확인하는 검사를 받지 아니하거나 같은 조 제2항에 따른 안전관리자를 배치하지 아니한 경우

16. 제34조제1항에 따른 영업질서 유지를 위한 준수사항을 지키지 아니하거나 같은 조 제2항을 위반하여 불법으로 제조한 부분품을 설치하거나 사용한 경우

16의2. 제38조제1항 단서를 위반하여 해당 자격이 없는 자를 종사하게 한 경우

17. 삭제 〈2011.4.5.〉

18. 제78조에 따른 보고 또는 서류제출명령을 이행하지 아니하거나 관계 공무원의 검사를 방해한 경우

19. 관광사업의 경영 또는 사업계획을 추진함에 있어서 뇌물을 주고받은 경우

20. 고의로 여행계약을 위반한 경우(여행업자만 해당한다)

② 관할 등록기관등의 장은 관광사업의 등록등을 받은 자가 다음 각 호의 어느 하나에 해당하면 6개월 이내의 기간을 정하여 그 사업의 전부 또는 일부의

정지를 명할 수 있다. 〈신설 2007.7.19., 2008.2.29., 2011.4.5.〉

1. 제13조제2항에 따른 등록을 하지 아니한 자에게 국외여행을 인솔하게 한 경우
2. 제27조에 따른 문화체육관광부장관의 지도와 명령을 이행하지 아니한 경우

③ 제1항 및 제2항에 따른 취소 · 정지처분 및 시설 · 운영개선명령의 세부적인 기준은 그 사유와 위반 정도를 고려하여 대통령령으로 정한다. 〈개정 2007.7.19.〉

④ 관할 등록기관등의 장은 관광사업에 사용할 것을 조건으로 「관세법」 등에 따라 관세의 감면을 받은 물품을 보유하고 있는 관광사업자로부터 그 물품의 수입면허를 받은 날부터 5년 이내에 그 사업의 양도 · 폐업의 신고 또는 통보를 받거나 그 관광사업자의 등록등의 취소를 한 경우에는 관할 세관장에게 그 사실을 즉시 통보하여야 한다. 〈개정 2007.7.19.〉

⑤ 관할 등록기관등의 장은 관광사업자에 대하여 제1항 및 제2항에 따라 등록등을 취소하거나 사업의 전부 또는 일부의 정지를 명한 경우에는 제18조제2항에 따라 소관 행정기관의 장(외국인투자기업인 경우에는 기획재정부장관을 포함한다)에게 그 사실을 통보할 수 있다. 〈개정 2007.7.19., 2008.2.29.〉

⑥ 관할 등록기관등의 장 외의 소관 행정기관의 장이 관광사업자에 대하여 그 사업의 정지나 취소 또는 시설의 이용을 금지하거나 제한하려면 미리 관할 등록기관등의 장과 협의하여야 한다. 〈개정 2007.7.19.〉

⑦ 제1항 각 호의 어느 하나에 해당하는 관광숙박업자의 위반행위가 「공중위생관리법」 제11조제1항에 따른 위반행위에 해당하면 「공중위생관리법」의 규정에도 불구하고 이 법을 적용한다. 〈개정 2007.7.19.〉

**제36조(폐쇄조치 등)** ① 관할 등록기관등의 장은 제5조제1항 · 제2항 또는 제4항에 따른 허가 또는 신고 없이 영업을 하거나 제24조제2항 · 제31조제2항 또는 제35조에 따른 허가의 취소 또는 사업의 정지명령을 받고 계속하여 영업을 하는 자에 대하여는 그 영업소를 폐쇄하기 위하여 관계 공무원에게 다음 각 호의 조치를 하게 할 수 있다.

1. 해당 영업소의 간판이나 그 밖의 영업표지물의 제거 또는 삭제
2. 해당 영업소가 적법한 영업소가 아니라는 것을 알리는 게시물 등의 부착
3. 영업을 위하여 꼭 필요한 시설물 또는 기구 등을 사용할 수 없게 하는 봉인(封印)

② 관할 등록기관등의 장은 제35조제1항제4호의2에 따라 행정처분을 한 경우에는 관계 공무원으로 하여금 이를 인터넷 홈페이지 등에 공개하게 하거나 사실과 다른 관광표지를 제거 또는 삭제하는 조치를 하게 할 수 있다. 〈신설 2014.3.11.〉

③ 관할 등록기관등의 장은 제1항제3호에 따른 봉인을 한 후 다음 각 호의 어느 하나에 해당하는 사유가 생기면 봉인을 해제할 수 있다. 제1항제2호에 따라 게시를 한 경우에도 또한 같다. 〈개정 2014.3.11.〉

1. 봉인을 계속할 필요가 없다고 인정되는 경우
2. 해당 영업을 하는 자 또는 그 대리인이 정당한 사유를 들어 봉인의 해제를 요청하는 경우

④ 관할 등록기관등의 장은 제1항 및 제2항에 따른 조치를 하려는 경우에는 미리 그 사실을 그 사업자 또는 그 대리인에게 서면으로 알려주어야 한다. 다만, 급박한 사유가 있으면 그러하지 아니하다. 〈개정 2014.3.11.〉

⑤ 제1항에 따른 조치는 영업을 할 수 없게 하는 데에 필요한 최소한의 범위에 그쳐야 한다. 〈개정 2014.3.11.〉

⑥ 제1항 및 제2항에 따라 영업소를 폐쇄하거나 관광표지를 제거 · 삭제하는 관계 공무원은 그 권한을 표시하는 증표를 지니고 이를 관계인에게 내보여야 한다. 〈개정 2014.3.11.〉

**第37조(과징금의 부과)** ① 관할 등록기관등의 장은 관광사업자가 제35조제1항 각 호 또는 제2항 각 호의 어느 하나에 해당되어 사업 정지를 명하여야 하는 경우로서 그 사업의 정지가 그 이용자 등에게 심한 불편을 주거나 그 밖에 공익을 해칠 우려가 있으면 사업 정지 처분을 갈음하여 2천만원 이하의 과징금(過徵金)을 부과할 수 있다. 〈개정 2009.3.25.〉

② 제1항에 따라 과징금을 부과하는 위반 행위의 종류 · 정도 등에 따른 과징금의 금액과 그 밖에 필요한 사항은 대통령령으로 정한다.

③ 관할 등록기관등의 장은 제1항에 따른 과징금을 내야 하는 자가 납부기한까지 내지 아니하면 국세 체납처분의 예 또는 「지방세외수입금의 징수 등에 관한 법률」에 따라 징수한다. 〈개정 2013.8.6.〉

## 제7절 관광종사원

**제38조(관광종사원의 자격 등)** ① 관할 등록기관등의 장은 대통령령으로 정하는 관광 업무에는 관광종사원의 자격을 가진 자가 종사하도록 해당 관광사업자에게 권고할 수 있다. 다만, 외국인 관광객을 대상으로 하는 여행업자는 관광통역안내의 자격을 가진 사람을 관광안내에 종사하게 하여야 한다. 〈개정 2009.3.25.〉

② 제1항에 따른 관광종사원의 자격을 취득하려는 자는 문화체육관광부령으로 정하는 바에 따라 문화체육관광부장관이 실시하는 시험에 합격한 후 문화체육관광부장관에게 등록하여야 한다. 다만, 문화체육관광부령으로 따로 정하는 자는 시험의 전부 또는 일부를 면제할 수 있다. 〈개정 2008.2.29.〉

③ 문화체육관광부장관은 제2항에 따라 등록을 한 자에게 관광종사원 자격증을 내주어야 한다. 〈개정 2008.2.29.〉

④ 관광종사원 자격증을 가진 자는 그 자격증을 잃어버리거나 못 쓰게 되면 문화체육관광부장관에게 그 자격증의 재교부를 신청할 수 있다. 〈개정 2008.2.29.〉

⑤ 제7조제1항 각 호(제3호는 제외한다)의 어느 하나에 해당하는 자는 제1항에 따른 관광종사원의 자격을 취득하지 못한다. 〈개정 2011.4.5.〉

⑥ 관광통역안내의 자격이 없는 사람은 외국인 관광객을 대상으로 하는 관광안내(제1항 단서에 따라 외국인 관광객을 대상으로 하는 여행업에 종사하여 관광안내를 하는 경우에 한정한다. 이하 이 조에서 같다)를 하여서는 아니 된

다. 〈신설 2016.2.3.〉

⑦ 관광통역안내의 자격을 가진 사람이 관광안내를 하는 경우에는 제3항에 따른 자격증을 패용하여야 한다. 〈신설 2016.2.3.〉

⑧ 관광종사원은 제3항에 따른 자격증을 다른 사람에게 대여하여서는 아니 된다. 〈신설 2016.2.3.〉

**제39조(교육)** 문화체육관광부장관 또는 시ㆍ도지사는 관광종사원과 그 밖에 관광 업무에 종사하는 자의 업무능력 향상을 위한 교육에 필요한 지원을 할 수 있다.

[전문개정 2011.4.5.]

**제40조(자격취소 등)** 문화체육관광부장관(관광종사원 중 대통령령으로 정하는 관광종사원에 대하여는 시ㆍ도지사)은 제38조제1항에 따라 자격을 가진 관광종사원이 다음 각 호의 어느 하나에 해당하면 문화체육관광부령으로 정하는 바에 따라 그 자격을 취소하거나 6개월 이내의 기간을 정하여 자격의 정지를 명할 수 있다. 다만, 제1호 및 제5호에 해당하면 그 자격을 취소하여야 한다. 〈개정 2008.2.29., 2011.4.5., 2016.2.3.〉

1. 거짓이나 그 밖의 부정한 방법으로 자격을 취득한 경우
2. 제7조제1항 각 호(제3호는 제외한다)의 어느 하나에 해당하게 된 경우
3. 관광종사원으로서 직무를 수행하는 데에 부정 또는 비위(非違) 사실이 있는 경우
4. 삭제 〈2007.7.19.〉
5. 제38조제8항을 위반하여 다른 사람에게 관광종사원 자격증을 대여한 경우

# 제3장 관광사업자 단체

**제41조(한국관광협회중앙회 설립)** ① 제45조에 따른 지역별 관광협회 및 업종별 관광협회는 관광사업의 건전한 발전을 위하여 관광업계를 대표하는 한국관광협회중앙회(이하 "협회"라 한다)를 설립할 수 있다.

② 협회를 설립하려는 자는 대통령령으로 정하는 바에 따라 문화체육관광부장관의 허가를 받아야 한다. 〈개정 2008.2.29.〉

③ 협회는 법인으로 한다.

④ 협회는 설립등기를 함으로써 성립한다.

**제42조(정관)** 협회의 정관에는 다음 각 호의 사항을 적어야 한다.

1. 목적
2. 명칭
3. 사무소의 소재지
4. 회원 및 총회에 관한 사항
5. 임원에 관한 사항
6. 업무에 관한 사항
7. 회계에 관한 사항
8. 해산(解散)에 관한 사항
9. 그 밖에 운영에 관한 중요 사항

**제43조(업무)** ① 협회는 다음 각 호의 업무를 수행한다.

1. 관광사업의 발전을 위한 업무
2. 관광사업 진흥에 필요한 조사·연구 및 홍보
3. 관광 통계
4. 관광종사원의 교육과 사후관리
5. 회원의 공제사업
6. 국가나 지방자치단체로부터 위탁받은 업무

7. 관광안내소의 운영
8. 제1호부터 제7호까지의 규정에 의한 업무에 따르는 수익사업

② 제1항제5호에 따른 공제사업은 문화체육관광부장관의 허가를 받아야 한다. 〈개정 2008.2.29.〉

③ 제2항에 따른 공제사업의 내용 및 운영에 필요한 사항은 대통령령으로 정한다.

**제44조(「민법」의 준용)** 협회에 관하여 이 법에 규정된 것 외에는 「민법」 중 사단법인(社團法人)에 관한 규정을 준용한다.

**제45조(지역별 · 업종별 관광협회)** ① 관광사업자는 지역별 또는 업종별로 그 분야의 관광사업의 건전한 발전을 위하여 대통령령으로 정하는 바에 따라 지역별 또는 업종별 관광협회를 설립할 수 있다.

② 제1항에 따른 업종별 관광협회는 문화체육관광부장관의 설립허가를, 지역별 관광협회는 시 · 도지사의 설립허가를 받아야 한다. 〈개정 2008.2.29.〉

**제46조(협회에 관한 규정의 준용)** 지역별 관광협회 및 업종별 관광협회의 설립 · 운영 등에 관하여는 제41조부터 제44조까지의 규정을 준용한다.

# 제4장 관광의 진흥과 홍보

**제47조(관광정보 활용 등)** ① 문화체육관광부장관은 관광에 관한 정보의 활용과 관광을 통한 국제 친선을 도모하기 위하여 관광과 관련된 국제기구와의 협력 관계를 증진하여야 한다. 〈개정 2008.2.29.〉

② 문화체육관광부장관은 제1항에 따른 업무를 원활히 수행하기 위하여 관광사업자 · 관광사업자 단체 또는 한국관광공사(이하 "관광사업자등"이라 한다)에게 필요한 사항을 권고 · 조정할 수 있다. 〈개정 2008.2.29.〉

③ 관광사업자등은 특별한 사유가 없으면 제2항에 따른 문화체육관광부장관의 권고나 조정에 협조하여야 한다. 〈개정 2008.2.29.〉

**제47조의2(관광통계)** ① 문화체육관광부장관과 지방자치단체의 장은 제49조제1항 및 제2항에 따른 관광개발기본계획 및 권역별 관광개발계획을 효과적으로 수립·시행하고 관광산업에 활용하도록 하기 위하여 국내외의 관광통계를 작성할 수 있다.

② 문화체육관광부장관과 지방자치단체의 장은 관광통계를 작성하기 위하여 필요하면 실태조사를 하거나, 공공기관·연구소·법인·단체·민간기업·개인 등에게 협조를 요청할 수 있다.

③ 제1항 및 제2항에서 규정한 사항 외에 관광통계의 작성·관리 및 활용에 필요한 사항은 대통령령으로 정한다.

[본조신설 2009.3.25.]

**제47조의3(장애인 관광 활동의 지원)** ① 국가 및 지방자치단체는 장애인의 여행 기회를 확대하고 장애인의 관광 활동을 장려·지원하기 위하여 관련 시설을 설치하는 등 필요한 시책을 강구하여야 한다.

② 국가 및 지방자치단체는 장애인의 여행 및 관광 활동 권리를 증진하기 위하여 장애인의 관광 지원 사업과 장애인 관광 지원 단체에 대하여 경비를 보조하는 등 필요한 지원을 할 수 있다.

[본조신설 2014.5.28.]

**제47조의4(관광취약계층의 관광복지 증진 시책 강구)** 국가 및 지방자치단체는 경제적·사회적 여건 등으로 관광 활동에 제약을 받고 있는 관광취약계층의 여행 기회를 확대하고 관광 활동을 장려하기 위하여 필요한 시책을 강구하여야 한다.

[본조신설 2014.5.28.]

**제47조의5(여행이용권의 지급 및 관리)** ① 국가 및 지방자치단체는 「국민기초생활 보장법」에 따른 수급권자, 그 밖에 소득수준이 낮은 저소득층 등 대통령령

으로 정하는 관광취약계층에게 여행이용권을 지급할 수 있다.

② 국가 및 지방자치단체는 여행이용권의 수급자격 및 자격유지의 적정성을 확인하기 위하여 필요한 가족관계증명 · 국세 · 지방세 · 토지 · 건물 · 건강보험 및 국민연금에 관한 자료 등 대통령령으로 정하는 자료를 관계 기관의 장에게 요청할 수 있고, 해당 기관의 장은 특별한 사유가 없으면 요청에 따라야 한다. 다만, 「전자정부법」 제36조제1항에 따른 행정정보 공동이용을 통하여 확인할 수 있는 사항은 예외로 한다.

③ 국가 및 지방자치단체는 제2항에 따른 자료의 확인을 위하여 「사회복지사업법」 제6조의2제2항에 따른 정보시스템을 연계하여 사용할 수 있다.

④ 국가 및 지방자치단체는 여행이용권의 발급, 정보시스템의 구축 · 운영 등 여행이용권 업무의 효율적 수행을 위하여 대통령령으로 정하는 바에 따라 전담기관을 지정할 수 있다.

⑤ 제1항부터 제4항까지에서 규정한 사항 외에 여행이용권의 지급 · 이용 등에 필요한 사항은 대통령령으로 정한다.

⑥ 문화체육관광부장관은 여행이용권의 이용 기회 확대 및 지원 업무의 효율성을 제고하기 위하여 여행이용권을 「문화예술진흥법」 제15조의4에 따른 문화이용권 등 문화체육관광부령으로 정하는 이용권과 통합하여 운영할 수 있다. [본조신설 2014.5.28.]

**제48조(관광 홍보 및 관광자원 개발)** ① 문화체육관광부장관 또는 시 · 도지사는 국제 관광의 촉진과 국민 관광의 건전한 발전을 위하여 국내외 관광 홍보 활동을 조정하거나 관광 선전물을 심사하거나 그 밖에 필요한 사항을 지원할 수 있다. 〈개정 2008.2.29.〉

② 문화체육관광부장관 또는 시 · 도지사는 제1항에 따라 관광홍보를 원활히 추진하기 위하여 필요하면 문화체육관광부령으로 정하는 바에 따라 관광사업자등에게 해외관광시장에 대한 정기적인 조사, 관광 홍보물의 제작, 관광안내소의 운영 등에 필요한 사항을 권고하거나 지도할 수 있다. 〈개정 2008.2.29.〉

③ 지방자치단체의 장, 관광사업자 또는 제54조제1항에 따라 관광지·관광단지의 조성계획승인을 받은 자는 관광지·관광단지·관광특구·관광시설 등 관광자원을 안내하거나 홍보하는 내용의 옥외광고물(屋外廣告物)을 「옥외광고물 등의 관리와 옥외광고산업 진흥에 관한 법률」의 규정에도 불구하고 대통령령으로 정하는 바에 따라 설치할 수 있다. 〈개정 2016.1.6.〉

④ 문화체육관광부장관과 지방자치단체의 장은 관광객의 유치, 관광복지의 증진 및 관광 진흥을 위하여 대통령령으로 정하는 바에 따라 다음 각 호의 사업을 추진할 수 있다. 〈개정 2008.2.29., 2016.2.3.〉

1. 문화, 체육, 레저 및 산업시설 등의 관광자원화사업
2. 해양관광의 개발사업 및 자연생태의 관광자원화사업
3. 관광상품의 개발에 관한 사업
4. 국민의 관광복지 증진에 관한 사업
5. 유휴자원을 활용한 관광자원화사업

**제48조의2(지역축제 등)** ① 문화체육관광부장관은 지역축제의 체계적 육성 및 활성화를 위하여 지역축제에 대한 실태조사와 평가를 할 수 있다.

② 문화체육관광부장관은 지역축제의 통폐합 등을 포함한 그 발전방향에 대하여 지방자치단체의 장에게 의견을 제시하거나 권고할 수 있다.

③ 문화체육관광부장관은 다양한 지역관광자원을 개발·육성하기 위하여 우수한 지역축제를 문화관광축제로 지정하고 지원할 수 있다.

④ 제3항에 따른 문화관광축제의 지정 기준 및 지원 방법 등에 필요한 사항은 대통령령으로 정한다.

[본조신설 2009.3.25.]

**제48조의3(지속가능한 관광활성화)** 문화체육관광부장관은 에너지·자원의 사용을 최소화하고 기후변화에 대응하며 환경 훼손을 줄이는 지속가능한 관광자원의 개발을 장려하기 위하여 정보제공 및 재정지원 등 필요한 조치를 강구할 수 있다.

[본조신설 2009.3.25.]

**제48조의4(문화관광해설사의 양성 및 활용계획 등)** ① 문화체육관광부장관은 문화관광해설사를 효과적이고 체계적으로 양성 · 활용하기 위하여 해마다 문화관광해설사의 양성 및 활용계획을 수립하고, 이를 지방자치단체의 장에게 알려야 한다.

② 지방자치단체의 장은 제1항에 따른 문화관광해설사 양성 및 활용계획에 따라 관광객의 규모, 관광자원의 보유 현황, 문화관광해설사에 대한 수요 등을 고려하여 해마다 문화관광해설사 운영계획을 수립 · 시행하여야 한다. 이 경우 문화관광해설사의 양성 · 배치 · 활용 등에 관한 사항을 포함하여야 한다.

[본조신설 2011.4.5.]

**제48조의5(관광체험교육프로그램 개발)** 문화체육관광부장관 또는 지방자치단체의 장은 관광객에게 역사 · 문화 · 예술 · 자연 등의 관광자원과 연계한 체험기회를 제공하고, 관광을 활성화하기 위하여 관광체험교육프로그램을 개발 · 보급할 수 있다. 이 경우 장애인을 위한 관광체험교육프로그램을 개발하여야 한다.

[본조신설 2011.4.5.]

**제48조의6(문화관광해설사 양성교육과정 등의 인증)** ① 문화관광해설사 양성을 위한 교육프로그램을 개발 · 보급하거나 교육과정을 개설(開設) · 운영하려는 자는 교육프로그램과 교육과정의 인증(認證)을 신청할 수 있다.

② 문화체육관광부장관은 제1항에 따라 인증을 신청한 교육프로그램 또는 교육과정이 교육시간 · 교육과목 · 교육시설 등 문화체육관광부령으로 정하는 인증기준에 적합한 경우에는 이를 인증하여야 한다.

③ 제2항에 따른 인증을 받은 자는 해당 교육프로그램 또는 교육과정에 대하여 문화체육관광부령으로 정하는 바에 따라 인증표시를 할 수 있다.

④ 제2항에 따른 인증을 받지 아니한 교육프로그램 또는 교육과정에 대하여 제3항의 인증표시를 하거나 이와 유사한 표시를 하여서는 아니 된다.

⑤ 제2항에 따른 인증의 유효기간은 인증을 받은 날부터 3년으로 한다.

⑥ 제1항부터 제5항까지의 규정에 따른 인증의 절차 및 방법, 인증의 표시 등

에 필요한 사항은 문화체육관광부령으로 정한다.

[본조신설 2011.4.5.]

**제48조의7(인증의 취소)** 문화체육관광부장관은 제48조의6제2항에 따라 인증한 교육프로그램 또는 교육과정이 다음 각 호의 어느 하나에 해당하는 경우에는 그 인증을 취소할 수 있다. 다만, 제1호에 해당하는 경우에는 취소하여야 한다.

1. 거짓, 그 밖의 부정한 방법으로 인증받은 경우
2. 제48조의6제2항에 따른 인증기준에 적합하지 아니하게 된 경우

[본조신설 2011.4.5.]

**제48조의8(문화관광해설사의 선발 및 활용)** ① 문화체육관광부장관 또는 지방자치단체의 장은 국민을 대상으로 역사 · 문화 · 예술 · 자연 등 관광자원에 대한 지식을 체계적으로 전달하고 지역문화에 대한 올바른 이해를 돕기 위하여 제48조의6제2항에 따른 인증을 받은 문화관광해설사 교육과정을 이수한 자를 문화관광해설사로 선발하여 활용할 수 있다.

② 문화체육관광부장관 또는 지방자치단체의 장은 제1항에 따라 문화관광해설사를 선발하는 경우 문화체육관광부령으로 정하는 바에 따라 이론 및 실습을 평가하고, 3개월 이상의 실무수습을 마친 자에게 자격을 부여할 수 있다.

③ 문화체육관광부장관 또는 지방자치단체의 장은 예산의 범위에서 문화관광해설사의 활동에 필요한 비용 등을 지원할 수 있다.

④ 그 밖에 문화관광해설사의 선발, 배치 및 활용 등에 필요한 사항은 문화체육관광부령으로 정한다.

[본조신설 2011.4.5.]

**제48조의9(지역관광협의회 설립)** ① 관광사업자, 관광 관련 사업자, 관광 관련 단체, 주민 등은 공동으로 지역의 관광진흥을 위하여 광역 및 기초 지방자치단체 단위의 지역관광협의회(이하 "협의회"라 한다)를 설립할 수 있다.

② 협의회에는 지역 내 관광진흥을 위한 이해 관련자가 고루 참여하여야 하며, 협의회를 설립하려는 자는 해당 지방자치단체의 장의 허가를 받아야 한다.

③ 협의회는 법인으로 한다.

④ 협의회는 다음 각 호의 업무를 수행한다.

1. 지역의 관광수용태세 개선을 위한 업무
2. 지역관광 홍보 및 마케팅 지원 업무
3. 관광사업자, 관광 관련 사업자, 관광 관련 단체에 대한 지원
4. 제1호부터 제3호까지의 업무에 따르는 수익사업
5. 지방자치단체로부터 위탁받은 업무

⑤ 협의회의 운영 등에 필요한 경비는 회원이 납부하는 회비와 사업 수익금 등으로 충당하며, 지방자치단체의 장은 협의회의 운영 등에 필요한 경비의 일부를 예산의 범위에서 지원할 수 있다.

⑥ 협의회의 설립 및 지원 등에 필요한 사항은 해당 지방자치단체의 조례로 정한다.

⑦ 협의회에 관하여 이 법에 규정된 것 외에는 「민법」 중 사단법인에 관한 규정을 준용한다.

[본조신설 2015.5.18.]

# 제5장 관광지 등의 개발

## 제1절 관광지 및 관광단지의 개발

**제49조(관광개발기본계획 등)** ① 문화체육관광부장관은 관광자원을 효율적으로 개발하고 관리하기 위하여 전국을 대상으로 다음과 같은 사항을 포함하는 관광개발기본계획(이하 "기본계획"이라 한다)을 수립하여야 한다. 〈개정 2008.2.29.〉

1. 전국의 관광 여건과 관광 동향(動向)에 관한 사항
2. 전국의 관광 수요와 공급에 관한 사항
3. 관광자원 보호 · 개발 · 이용 · 관리 등에 관한 기본적인 사항

4. 관광권역(觀光圈域)의 설정에 관한 사항
5. 관광권역별 관광개발의 기본방향에 관한 사항
6. 그 밖에 관광개발에 관한 사항

② 시 · 도지사(특별자치도지사는 제외한다)는 기본계획에 따라 구분된 권역을 대상으로 다음 각 호의 사항을 포함하는 권역별 관광개발계획(이하 “권역계획”이라 한다)을 수립하여야 한다. 〈개정 2008.6.5., 2009.3.25.〉

1. 권역의 관광 여건과 관광 동향에 관한 사항
2. 권역의 관광 수요와 공급에 관한 사항
3. 관광자원의 보호 · 개발 · 이용 · 관리 등에 관한 사항
4. 관광지 및 관광단지의 조성 · 정비 · 보완 등에 관한 사항

4의2. 관광지 및 관광단지의 실적 평가에 관한 사항

5. 관광지 연계에 관한 사항
6. 관광사업의 추진에 관한 사항
7. 환경보전에 관한 사항
8. 그 밖에 그 권역의 관광자원의 개발, 관리 및 평가를 위하여 필요한 사항

**제50조(기본계획)** ① 시 · 도지사는 기본계획의 수립에 필요한 관광 개발사업에 관한 요구서를 문화체육관광부장관에게 제출하여야 하고, 문화체육관광부장관은 이를 종합 · 조정하여 기본계획을 수립하고 공고하여야 한다. 〈개정 2008.2.29.〉

② 문화체육관광부장관은 수립된 기본계획을 확정하여 공고하려면 관계 부처의 장과 협의하여야 한다. 〈개정 2008.2.29.〉

③ 확정된 기본계획을 변경하는 경우에는 제1항과 제2항을 준용한다.

④ 문화체육관광부장관은 관계 기관의 장에게 기본계획의 수립에 필요한 자료를 요구하거나 협조를 요청할 수 있고, 그 요구 또는 협조 요청을 받은 관계 기관의 장은 정당한 사유가 없으면 요청에 따라야 한다. 〈개정 2008.2.29.〉

**제51조(권역계획)** ① 권역계획(圈域計劃)은 그 지역을 관할하는 시·도지사(특별자치도지사는 제외한다. 이하 이 조에서 같다)가 수립하여야 한다. 다만, 둘 이상의 시·도에 걸치는 지역이 하나의 권역계획에 포함되는 경우에는 관계되는 시·도지사와의 협의에 따라 수립하되, 협의가 성립되지 아니한 경우에는 문화체육관광부장관이 지정하는 시·도지사가 수립하여야 한다. 〈개정 2008.2.29., 2008.6.5.〉

② 시·도지사는 제1항에 따라 수립한 권역계획을 문화체육관광부장관의 조정과 관계 행정기관의 장과의 협의를 거쳐 확정하여야 한다. 이 경우 협의요청을 받은 관계 행정기관의 장은 특별한 사유가 없는 한 그 요청을 받은 날부터 30일 이내에 의견을 제시하여야 한다. 〈개정 2007.7.19., 2008.2.29.〉

③ 시·도지사는 권역계획이 확정되면 그 요지를 공고하여야 한다.

④ 확정된 권역계획을 변경하는 경우에는 제1항부터 제3항까지의 규정을 준용한다. 다만, 대통령령으로 정하는 경미한 사항의 변경에 대하여는 관계 부처의 장과의 협의를 갈음하여 문화체육관광부장관의 승인을 받아야 한다. 〈개정 2008.2.29.〉

**제52조(관광지의 지정 등)** ① 관광지 및 관광단지(이하 "관광지등"이라 한다)는 문화체육관광부령으로 정하는 바에 따라 시장·군수·구청장의 신청에 의하여 시·도지사가 지정한다. 다만, 특별자치도의 경우에는 특별자치도지사가 지정한다. 〈개정 2008.2.29., 2008.6.5., 2009.3.25.〉

② 시·도지사는 제1항에 따른 관광지등을 지정하려면 사전에 문화체육관광부장관 및 관계 행정기관의 장과 협의하여야 한다. 다만, 「국토의 계획 및 이용에 관한 법률」 제30조에 따라 같은 법 제36조제1항제2호다목에 따른 계획관리지역(같은 법의 규정에 따라 도시·군관리계획으로 결정되지 아니한 지역인 경우에는 종전의 「국토이용관리법」 제8조에 따라 준도시지역으로 결정·고시된 지역을 말한다)으로 결정·고시된 지역을 관광지등으로 지정하려는 경우에는 그러하지 아니하다. 〈개정 2011.4.5., 2011.4.14.〉

③ 제2항 본문에 따라 협의요청을 받은 문화체육관광부장관 및 관계 행정기관의 장은 특별한 사유가 없는 한 그 요청을 받은 날부터 30일 이내에 의견을 제시하여야 한다. 〈신설 2007.7.19., 2011.4.5.〉

④ 관광지등의 지정 취소 또는 그 면적의 변경은 관광지등의 지정에 관한 절차에 따라야 한다. 이 경우 대통령령으로 정하는 경미한 면적의 변경은 제2항 본문에 따른 협의를 하지 아니할 수 있다. 〈개정 2007.7.19.〉

⑤ 시 · 도지사는 제1항 또는 제4항에 따라 지정, 지정취소 또는 그 면적변경을 한 경우에는 이를 고시하여야 한다. 〈개정 2007.7.19.〉

**제53조(조사 · 측량 실시)** ① 시 · 도지사는 기본계획 및 권역계획을 수립하거나 관광지등의 지정을 위하여 필요하면 해당 지역에 대한 조사와 측량을 실시할 수 있다. 〈개정 2007.7.19.〉

② 제1항에 따른 조사와 측량을 위하여 필요하면 타인이 점유하는 토지에 출입할 수 있다.

③ 제2항에 따른 타인이 점유하는 토지에의 출입에 관하여는 「국토의 계획 및 이용에 관한 법률」 제130조와 제131조를 준용한다.

**제54조(조성계획의 수립 등)** ① 관광지등을 관할하는 시장 · 군수 · 구청장은 조성계획을 작성하여 시 · 도지사의 승인을 받아야 한다. 이를 변경(대통령령으로 정하는 경미한 사항의 변경은 제외한다)하려는 경우에도 또한 같다. 다만, 관광단지를 개발하려는 공공기관 등 문화체육관광부령으로 정하는 공공법인 또는 민간개발자(이하 "관광단지개발자"라 한다)는 조성계획을 작성하여 대통령령으로 정하는 바에 따라 시 · 도지사의 승인을 받을 수 있다. 〈개정 2008.2.29., 2011.4.5.〉

② 시 · 도지사는 제1항에 따른 조성계획을 승인하거나 변경승인을 하고자 하는 때에는 관계 행정기관의 장과 협의하여야 한다. 이 경우 협의요청을 받은 관계 행정기관의 장은 특별한 사유가 없는 한 그 요청을 받은 날부터 30일 이내에 의견을 제시하여야 한다. 〈개정 2007.7.19.〉

③ 시 · 도지사가 제1항에 따라 조성계획을 승인 또는 변경승인한 때에는 지체 없이 이를 고시하여야 한다. 〈개정 2007.7.19.〉

④ 민간개발자가 관광단지를 개발하는 경우에는 제58조제13호 및 제61조를 적용하지 아니한다. 다만, 조성계획상의 조성 대상 토지면적 중 사유지의 3분의 2 이상을 취득한 경우 남은 사유지에 대하여는 그러하지 아니하다. 〈개정 2009.3.25.〉

⑤ 관광지등을 관할하는 특별자치도지사는 관계 행정기관의 장과 협의하여 조성계획을 수립하고, 조성계획을 수립한 때에는 지체 없이 이를 고시하여야 한다. 〈신설 2008.6.5.〉

**제55조(조성계획의 시행)** ① 조성계획을 시행하기 위한 사업(이하 "조성사업"이라 한다)은 이 법 또는 다른 법령에 특별한 규정이 있는 경우 외에는 조성계획의 승인을 받은 자(제54조제5항에 따라 특별자치도지사가 조성계획을 수립한 경우를 포함한다. 이하 "사업시행자"라 한다)가 행한다. 〈개정 2008.6.5.〉

② 사업시행자가 관광지등의 개발 촉진을 위하여 조성계획의 승인 전에 시 · 도지사의 승인을 받아 그 조성사업에 필요한 토지를 매입한 경우에는 사업시행자로서 토지를 매입한 것으로 본다.

③ 사업시행자가 아닌 자로서 조성사업을 하려는 자는 대통령령으로 정하는 기준과 절차에 따라 사업시행자가 특별자치도지사 · 시장 · 군수 · 구청장인 경우에는 특별자치도지사 · 시장 · 군수 · 구청장의 허가를 받아서 조성사업을 할 수 있고, 사업시행자가 관광단지개발자인 경우에는 관광단지개발자와 협의하여 조성사업을 할 수 있다. 〈개정 2008.6.5.〉

④ 사업시행자가 아닌 자로서 조성사업(특별자치도지사 · 시장 · 군수 · 구청장이 조성계획의 승인을 받은 사업만 해당한다. 이하 이 항에서 같다)을 시행하려는 자가 제15조제1항 및 제2항에 따라 사업계획의 승인을 받은 경우에는 제3항에도 불구하고 특별자치도지사 · 시장 · 군수 · 구청장의 허가를 받지 아니하고 그 조성사업을 시행할 수 있다. 〈개정 2008.6.5.〉

⑤ 관광단지를 개발하려는 공공기관 등 문화체육관광부령으로 정하는 관광단

지개발자는 필요하면 용지의 매수 업무와 손실보상 업무(민간개발자인 경우에는 제54조제4항 단서에 따라 남은 사유지를 수용하거나 사용하는 경우만 해당한다)를 대통령령으로 정하는 바에 따라 관할 지방자치단체의 장에게 위탁할 수 있다. 〈개정 2008.2.29., 2011.4.5.〉

**제56조(관광지등 지정 등의 실효 및 취소 등)** ① 제52조에 따라 관광지등으로 지정 · 고시된 관광지등에 대하여 그 고시일부터 2년 이내에 제54조제1항에 따른 조성계획의 승인신청이 없으면 그 고시일부터 2년이 지난 다음 날에 그 관광지등 지정은 효력을 상실한다. 제2항에 따라 조성계획의 효력이 상실된 관광지등에 대하여 그 조성계획의 효력이 상실된 날부터 2년 이내에 새로운 조성계획의 승인신청이 없는 경우에도 또한 같다. 〈개정 2011.4.5.〉

② 제54조제1항에 따라 조성계획의 승인을 받은 관광지등 사업시행자(제55조제3항에 따른 조성사업을 하는 자를 포함한다)가 같은 조 제3항에 따라 조성계획의 승인고시일부터 2년 이내에 사업을 착수하지 아니하면 조성계획 승인고시일부터 2년이 지난 다음 날에 그 조성계획의 승인은 효력을 상실한다. 〈개정 2011.4.5.〉

③ 시 · 도지사는 제54조제1항에 따라 조성계획 승인을 받은 민간개발자가 사업 중단 등으로 환경 · 미관을 크게 해칠 경우에는 조성계획의 승인을 취소하거나 이의 개선을 명할 수 있다.

④ 시 · 도지사는 제1항과 제2항에도 불구하고 행정절차의 이행 등 부득이한 사유로 조성계획 승인신청 또는 사업 착수기한의 연장이 불가피하다고 인정되면 1년 이내의 범위에서 한 번만 그 기한을 연장할 수 있다.

⑤ 시 · 도지사는 제1항이나 제2항에 따라 지정 또는 승인의 효력이 상실된 경우 및 제3항에 따라 승인이 취소된 경우에는 지체 없이 그 사실을 고시하여야 한다.

[제목개정 2011.4.5.]

**제57조(공공시설의 우선 설치)** 국가 · 지방자치단체 또는 사업시행자는 관광지 등의 조성사업과 그 운영에 관련되는 도로, 전기, 상 · 하수도 등 공공시설을 우선하여 설치하도록 노력하여야 한다.

**제57조의2(관광단지의 전기시설 설치)** ① 관광단지에 전기를 공급하는 자는 관광단지 조성사업의 시행자가 요청하는 경우 관광단지에 전기를 공급하기 위한 전기간선시설(電氣幹線施設) 및 배전시설(配電施設)을 관광단지 조성계획에서 도시 · 군계획시설로 결정된 도로까지 설치하되, 구체적인 설치범위는 대통령령으로 정한다. 〈개정 2011.4.14.〉

② 제1항에 따라 관광단지에 전기를 공급하는 전기간선시설 및 배전시설의 설치비용은 전기를 공급하는 자가 부담한다. 다만, 관광단지 조성사업의 시행자 · 입주기업 · 지방자치단체 등의 요청에 의하여 전기간선시설 및 배전시설을 땅속에 설치하는 경우에는 전기를 공급하는 자와 땅속에 설치할 것을 요청하는 자가 각각 100분의 50의 비율로 설치비용을 부담한다.

[본조신설 2009.3.25.]

**제58조(인 · 허가 등의 의제)** ① 제54조제1항에 따라 조성계획의 승인 또는 변경승인을 받거나 같은 조 제5항에 따라 특별자치도지사가 관계 행정기관의 장과 협의하여 조성계획을 수립한 때에는 다음 각 호의 인 · 허가 등을 받거나 신고를 한 것으로 본다. 〈개정 2007.7.19., 2007.12.27., 2008.3.21., 2008.6.5., 2009.3.25., 2010.4.15., 2010.5.31., 2011.4.5., 2011.4.14., 2014.1.14.〉

1. 「국토의 계획 및 이용에 관한 법률」 제30조에 따른 도시 · 군관리계획(같은 법 제2조제4호다목의 계획 중 대통령령으로 정하는 시설 및 같은 호 마목의 계획 중 같은 법 제51조에 따른 지구단위계획구역의 지정 계획 및 지구단위계획만 해당한다)의 결정, 같은 법 제32조제2항에 따른 지형도면의 승인, 같은 법 제36조에 따른 용도지역 중 도시지역이 아닌 지역의 계획관리지역 지정, 같은 법 제37조에 따른 용도지구 중 개발진흥지구의 지정, 같은 법 제56조에 따른 개발행위의 허가, 같은 법 제86조에 따른 도시 · 군계획

시설사업 시행자의 지정 및 같은 법 제88조에 따른 실시계획의 인가

2. 「수도법」 제17조에 따른 일반수도사업의 인가 및 같은 법 제52조에 따른 전용 상수도설치시설의 인가
3. 「하수도법」 제16조에 따른 공공하수도 공사시행 등의 허가
4. 「공유수면 관리 및 매립에 관한 법률」 제8조에 따른 공유수면 점용 · 사용 허가, 같은 법 제17조에 따른 점용 · 사용 실시계획의 승인 또는 신고, 같은 법 제28조에 따른 공유수면의 매립면허, 같은 법 제35조에 따른 국가 등이 시행하는 매립의 협의 또는 승인 및 같은 법 제38조에 따른 공유수면매립 실시계획의 승인
5. 삭제 〈2010.4.15.〉
6. 「하천법」 제30조에 따른 하천공사 등의 허가 및 실시계획의 인가, 같은 법 제33조에 따른 점용허가 및 실시계획의 인가
7. 「도로법」제36조에 따른 도로관리청이 아닌 자에 대한 도로공사 시행의 허가 및 같은 법 제61조에 따른 도로의 점용 허가
8. 「항만법」 제9조제2항에 따른 항만공사 시행의 허가 및 같은 법 제10조제2항에 따른 항만공사 실시계획의 승인
9. 「사도법」 제4조에 따른 사도개설의 허가
10. 「산지관리법」 제14조 · 제15조에 따른 산지전용허가 및 산지전용신고, 같은 법 제15조의2에 따른 산지일시사용허가 · 신고, 「산림자원의 조성 및 관리에 관한 법률」 제36조제1항 · 제4항 및 제45조제1항 · 제2항에 따른 입목벌채 등의 허가와 신고
11. 「농지법」 제34조제1항에 따른 농지 전용허가
12. 「자연공원법」 제20조에 따른 공원사업 시행 및 공원시설관리의 허가와 같은 법 제23조에 따른 행위 허가
13. 「공익사업을 위한 토지 등의 취득 및 보상에 관한 법률」 제20조제1항에 따른 사업인정
14. 「초지법」 제23조에 따른 초지전용의 허가

15. 「사방사업법」 제20조에 따른 사방지 지정의 해제
16. 「장사 등에 관한 법률」 제8조제3항에 따른 분묘의 개장신고 및 같은 법 제27조에 따른 분묘의 개장허가
17. 「폐기물관리법」 제29조에 따른 폐기물 처리시설의 설치승인 또는 신고
18. 「온천법」 제10조에 따른 온천개발계획의 승인
19. 「건축법」 제11조에 따른 건축허가, 같은 법 제14조에 따른 건축신고, 같은 법 제20조에 따른 가설건축물 건축의 허가 또는 신고
20. 제15조제1항에 따른 관광숙박업 및 제15조제2항에 따른 관광객 이용시설업 · 국제회의업의 사업계획 승인. 다만, 제15조에 따른 사업계획의 작성자와 제55조제1항에 따른 조성사업의 사업시행자가 동일한 경우에 한한다.
21. 「체육시설의 설치 · 이용에 관한 법률」 제12조에 따른 등록 체육시설업의 사업계획 승인. 다만, 제15조에 따른 사업계획의 작성자와 제55조제1항에 따른 조성사업의 사업시행자가 동일한 경우에 한한다.
22. 「유통산업발전법」 제8조에 따른 대규모점포의 개설등록

② 제1항에 따른 인 · 허가 등의 의제를 받고자 하는 자는 조성계획의 승인 또는 변경승인 신청을 하는 때에 해당 법률에서 정하는 관련 서류를 제출하여야 한다. 〈신설 2007.7.19.〉

③ 시 · 도지사는 제1항 각 호의 어느 하나의 사항이 포함되어 있는 조성계획을 승인 또는 변경승인하고자 하는 때에는 미리 관계 행정기관의 장과 협의하여야 하며, 그 조성계획을 승인 또는 변경승인한 때에는 지체 없이 관계 행정기관의 장에게 그 내용을 통보하여야 한다. 〈신설 2007.7.19.〉

**제58조의2(준공검사)** ① 사업시행자가 관광지등 조성사업의 전부 또는 일부를 완료한 때에는 대통령령으로 정하는 바에 따라 지체 없이 시 · 도지사에게 준공검사를 받아야 한다. 이 경우 시 · 도지사는 해당 준공검사 시행에 관하여 관계 행정기관의 장과 미리 협의하여야 한다.

② 사업시행자가 제1항에 따라 준공검사를 받은 경우에는 제58조제1항 각 호에 규정된 인 · 허가 등에 따른 해당 사업의 준공검사 또는 준공인가 등을 받

은 것으로 본다.
[본조신설 2009.3.25.]

**제58조의3(공공시설 등의 귀속)** ① 사업시행자가 조성사업의 시행으로 「국토의 계획 및 이용에 관한 법률」 제2조제13호에 따른 공공시설을 새로 설치하거나 기존의 공공시설에 대체되는 시설을 설치한 경우 그 귀속에 관하여는 같은 법 제65조를 준용한다. 이 경우 "행정청이 아닌 경우"는 "사업시행자인 경우"로 본다.
② 제1항에 따른 공공시설 등을 등기하는 경우에는 조성계획승인서와 준공검사증명서로써 「부동산등기법」의 등기원인을 증명하는 서면을 갈음할 수 있다.
③ 제1항에 따라 「국토의 계획 및 이용에 관한 법률」을 준용할 때 관리청이 불분명한 재산 중 도로 · 하천 · 도랑 등에 대하여는 국토교통부장관을, 그 밖의 재산에 대하여는 기획재정부장관을 관리청으로 본다. 〈개정 2013.3.23.〉
[본조신설 2009.3.25.]

**제59조(관광지등의 처분)** ① 사업시행자는 조성한 토지, 개발된 관광시설 및 지원시설의 전부 또는 일부를 매각하거나 임대하거나 타인에게 위탁하여 경영하게 할 수 있다.
② 제1항에 따라 토지 · 관광시설 또는 지원시설을 매수 · 임차하거나 그 경영을 수탁한 자는 그 토지나 관광시설 또는 지원시설에 관한 권리 · 의무를 승계한다.

**제60조(「국토의 계획 및 이용에 관한 법률」의 준용)** 조성계획의 수립, 조성사업의 시행 및 관광지등의 처분에 관하여는 이 법에 규정되어 있는 것 외에는 「국토의 계획 및 이용에 관한 법률」 제90조 · 제100조 · 제130조 및 제131조를 준용한다. 이 경우 "국토교통부장관 또는 시 · 도지사"는 "시 · 도지사"로, "실시계획"은 "조성계획"으로, "인가"는 "승인"으로, "도시 · 군계획시설사업의 시행지구"는 "관광지등"으로, "도시 · 군계획시설사업의 시행자"는 "사업시행자"로, "도시 · 군계획시설사업"은 "조성사업"으로, "국토교통부장관"은 "문화체육

관광부장관"으로, "광역도시계획 또는 도시 · 군계획"은 "조성계획"으로 본다. 〈개정 2008.2.29., 2011.4.14., 2013.3.23.〉

**제61조(수용 및 사용)** ① 사업시행자는 제55조에 따른 조성사업의 시행에 필요한 토지와 다음 각 호의 물건 또는 권리를 수용하거나 사용할 수 있다. 다만, 농업 용수권(用水權)이나 그 밖의 농지개량 시설을 수용 또는 사용하려는 경우에는 미리 농림축산식품부장관의 승인을 받아야 한다. 〈개정 2008.2.29., 2013.3.23.〉

1. 토지에 관한 소유권 외의 권리
2. 토지에 정착한 입목이나 건물, 그 밖의 물건과 이에 관한 소유권 외의 권리
3. 물의 사용에 관한 권리
4. 토지에 속한 토석 또는 모래와 조약돌

② 제1항에 따른 수용 또는 사용에 관한 협의가 성립되지 아니하거나 협의를 할 수 없는 경우에는 사업시행자는 「공익사업을 위한 토지 등의 취득 및 보상에 관한 법률」 제28조제1항에도 불구하고 조성사업 시행 기간에 재결(裁決)을 신청할 수 있다.

③ 제1항에 따른 수용 또는 사용의 절차, 그 보상 및 재결 신청에 관하여는 이 법에 규정되어 있는 것 외에는 「공익사업을 위한 토지 등의 취득 및 보상에 관한 법률」을 적용한다.

**제62조** 삭제 〈2009.3.25.〉

**제63조(선수금)** 사업시행자는 그가 개발하는 토지 또는 시설을 분양받거나 시설물을 이용하려는 자로부터 그 대금의 전부 또는 일부를 대통령령으로 정하는 바에 따라 미리 받을 수 있다.

**제64조(이용자 분담금 및 원인자 부담금)** ① 사업시행자는 지원시설 건설비용의 전부 또는 일부를 대통령령으로 정하는 바에 따라 그 이용자에게 분담하게 할 수 있다.

② 지원시설 건설의 원인이 되는 공사 또는 행위가 있으면 사업시행자는 대통

령령으로 정하는 바에 따라 그 공사 또는 행위의 비용을 부담하여야 할 자에게 그 비용의 전부 또는 일부를 부담하게 할 수 있다.

③ 사업시행자는 관광지등의 안에 있는 공동시설의 유지 · 관리 및 보수에 드는 비용의 전부 또는 일부를 대통령령으로 정하는 바에 따라 관광지등에서 사업을 경영하는 자에게 분담하게 할 수 있다.

④ 제1항에 따른 분담금 또는 제2항에 따른 부담금을 부과받은 자가 부과된 분담금 또는 부담금에 대하여 이의가 있는 경우에는 부과받은 날부터 30일 이내에 사업시행자에게 이의를 신청할 수 있다. 〈신설 2011.4.5.〉

⑤ 사업시행자는 제4항에 따른 이의신청을 받았을 때에는 그 신청을 받은 날부터 15일 이내에 이를 심의하여 그 결과를 신청인에게 서면으로 알려야 한다. 〈신설 2011.4.5.〉

**第65조(강제징수)** ①제64조에 따라 이용자 분담금 · 원인자 부담금 또는 유지 · 관리 및 보수에 드는 비용을 내야 할 의무가 있는 자가 이를 이행하지 아니하면 사업시행자는 대통령령으로 정하는 바에 따라 그 지역을 관할하는 특별자치도지사 · 시장 · 군수 · 구청장에게 그 징수를 위탁할 수 있다. 〈개정 2008.6.5.〉

② 제1항에 따라 징수를 위탁받은 특별자치도지사 · 시장 · 군수 · 구청장은 지방세 체납처분의 예에 따라 이를 징수할 수 있다. 이 경우 특별자치도지사 · 시장 · 군수 · 구청장에게 징수를 위탁한 자는 특별자치도지사 · 시장 · 군수 · 구청장이 징수한 금액의 100분의 10에 해당하는 금액을 특별자치도 · 시 · 군 · 구에 내야 한다. 〈개정 2008.6.5.〉

**第66조(이주대책)** ① 사업시행자는 조성사업의 시행에 따른 토지 · 물건 또는 권리를 제공함으로써 생활의 근거를 잃게 되는 자를 위하여 대통령령으로 정하는 내용이 포함된 이주대책을 수립 · 실시하여야 한다.

② 제1항에 따른 이주대책의 수립에 관하여는 「공익사업을 위한 토지 등의 취득 및 보상에 관한 법률」 제78조제2항 · 제3항과 제81조를 준용한다.

**제67조(입장료 등의 징수와 사용)** ① 관광지등에서 조성사업을 하거나 건축, 그 밖의 시설을 한 자는 관광지등에 입장하는 자로부터 입장료를 징수할 수 있고, 관광시설을 관람하거나 이용하는 자로부터 관람료나 이용료를 징수할 수 있다.

② 제1항에 따른 입장료 · 관람료 또는 이용료의 징수 대상의 범위와 그 금액은 특별자치도지사 · 시장 · 군수 · 구청장이 정한다. 〈개정 2008.6.5.〉

③ 지방자치단체는 제1항에 따라 입장료 · 관람료 또는 이용료를 징수하면 이를 관광지등의 보존 · 관리와 그 개발에 필요한 비용에 충당하여야 한다.

**제68조** 삭제 〈2009.3.25.〉

**제69조(관광지등의 관리)** ① 사업시행자는 관광지등의 관리 · 운영에 필요한 조치를 하여야 한다.

② 사업시행자는 필요하면 관광사업자 단체 등에 관광지등의 관리 · 운영을 위탁할 수 있다.

## 제2절 관광특구

**제70조(관광특구의 지정)** ① 관광특구는 다음 각 호의 요건을 모두 갖춘 지역 중에서 시장 · 군수 · 구청장의 신청(특별자치도의 경우는 제외한다)에 따라 시 · 도지사가 지정한다. 〈개정 2007.7.19., 2008.2.29., 2008.6.5.〉

1. 외국인 관광객 수가 대통령령으로 정하는 기준 이상일 것
2. 문화체육관광부령으로 정하는 바에 따라 관광안내시설, 공공편익시설 및 숙박시설 등이 갖추어져 외국인 관광객의 관광수요를 충족시킬 수 있는 지역일 것
3. 임야 · 농지 · 공업용지 또는 택지 등 관광활동과 직접적인 관련성이 없는 토지의 비율이 대통령령으로 정하는 기준을 초과하지 아니할 것
4. 제1호부터 제3호까지의 요건을 갖춘 지역이 서로 분리되어 있지 아니할 것

② 관광특구의 지정 · 취소 · 면적변경 및 고시에 관하여는 제52조제2항부터 제4항까지의 규정을 준용한다.

**제71조(관광특구의 진흥계획)** ① 특별자치도지사 · 시장 · 군수 · 구청장은 관할 구역 내 관광특구를 방문하는 외국인 관광객의 유치 촉진 등을 위하여 관광특구진흥계획을 수립하고 시행하여야 한다. 〈개정 2008.6.5.〉

② 제1항에 따른 관광특구진흥계획에 포함될 사항 등 관광특구진흥계획의 수립 · 시행에 필요한 사항은 대통령령으로 정한다.

**제72조(관광특구에 대한 지원)** ① 국가나 지방자치단체는 관광특구를 방문하는 외국인 관광객의 관광 활동을 위한 편의 증진 등 관광특구 진흥을 위하여 필요한 지원을 할 수 있다.

② 문화체육관광부장관은 관광특구를 방문하는 관광객의 편리한 관광 활동을 위하여 관광특구 안의 문화 · 체육 · 숙박 · 상가시설로서 관광객 유치를 위하여 특히 필요하다고 인정되는 시설에 대하여 「관광진흥개발기금법」에 따라 관광진흥개발기금을 대여하거나 보조할 수 있다. 〈개정 2008.2.29., 2009.3.25.〉

**제73조(관광특구에 대한 평가 등)** ① 문화체육관광부장관 및 시 · 도지사는 대통령령으로 정하는 바에 따라 제71조에 따른 관광특구진흥계획의 집행 상황을 평가하고, 우수한 관광특구에 대하여는 필요한 지원을 할 수 있다. 〈개정 2008. 2.29.〉

② 시 · 도지사는 제1항에 따른 평가 결과 제70조에 따른 관광특구 지정 요건에 맞지 아니하거나 추진 실적이 미흡한 관광특구에 대하여는 대통령령으로 정하는 바에 따라 관광특구의 지정취소 · 면적조정 · 개선권고 등 필요한 조치를 할 수 있다.

**제74조(다른 법률에 대한 특례)** ① 관광특구 안에서는 「식품위생법」 제43조에 따른 영업제한에 관한 규정을 적용하지 아니한다. 〈개정 2009.2.6., 2011.4.5.〉

② 관광특구 안에서 대통령령으로 정하는 호텔업을 경영하는 자는 「건축법」 제43조에도 불구하고 연간 60일 이내의 기간 동안 해당 지방자치단체의 조례로 정하는 바에 따라 공개 공지(空地: 공터)를 사용하여 외국인 관광객을 위한 공연 및

음식을 제공할 수 있다. 다만, 울타리를 설치하는 등 공중(公衆)이 해당 공개 공지를 사용하는 데에 지장을 주는 행위를 하여서는 아니 된다. 〈신설 2011.4.5.〉

③ 관광특구 관할 지방자치단체의 장은 관광특구의 진흥을 위하여 필요한 경우에는 지방경찰청장 또는 경찰서장에게 「도로교통법」 제2조에 따른 차마(車馬)의 도로통행 금지 또는 제한 등의 조치를 하여줄 것을 요청할 수 있다. 이 경우 요청받은 지방경찰청장 또는 경찰서장은 「도로교통법」 제6조에도 불구하고 특별한 사유가 없으면 지체 없이 필요한 조치를 하여야 한다. 〈신설 2011.4.5.〉

[제목개정 2011.4.5.]

# 제6장 보칙

**제75조** 삭제 〈2007.7.19.〉

**제76조(재정지원)** ①문화체육관광부장관은 관광에 관한 사업을 하는 지방자치단체, 관광사업자 단체 또는 관광사업자에게 대통령령으로 정하는 바에 따라 보조금을 지급할 수 있다. 〈개정 2008.2.29.〉

② 지방자치단체는 그 관할 구역 안에서 관광에 관한 사업을 하는 관광사업자 단체 또는 관광사업자에게 조례로 정하는 바에 따라 보조금을 지급할 수 있다.

③ 국가 및 지방자치단체는 「국유재산법」, 「공유재산 및 물품 관리법」, 그 밖의 다른 법령에도 불구하고 관광지등의 사업시행자에 대하여 국유·공유 재산의 임대료를 대통령령으로 정하는 바에 따라 감면할 수 있다. 〈신설 2011.4.5.〉

**제77조(청문)** 관할 등록기관등의 장은 다음 각 호의 어느 하나에 해당하는 처분을 하려면 청문을 하여야 한다. 〈개정 2011.4.5.〉

1. 제24조제2항·제31조제2항 또는 제35조제1항에 따른 관광사업의 등록등이나 사업계획승인의 취소
2. 제40조에 따른 관광종사원 자격의 취소

2의2. 제48조의7에 따른 문화관광해설사 양성을 위한 교육프로그램 또는 교육과정 인증의 취소

3. 제56조 제3항에 따른 조성계획 승인의 취소

**제78조(보고 · 검사)** ① 지방자치단체의 장은 문화체육관광부령으로 정하는 바에 따라 관광진흥정책의 수립 · 집행에 필요한 사항과 그 밖에 이 법의 시행에 필요한 사항을 문화체육관광부장관에게 보고하여야 한다. 〈개정 2008.2.29.〉

② 관할 등록기관등의 장은 관광진흥시책의 수립 · 집행 및 이 법의 시행을 위하여 필요하면 관광사업자 단체 또는 관광사업자에게 그 사업에 관한 보고를 하게 하거나 서류를 제출하도록 명할 수 있다.

③ 관할 등록기관등의 장은 관광진흥시책의 수립 · 집행 및 이 법의 시행을 위하여 필요하다고 인정하면 소속 공무원에게 관광사업자 단체 또는 관광사업자의 사무소 · 사업장 또는 영업소 등에 출입하여 장부 · 서류나 그 밖의 물건을 검사하게 할 수 있다.

④ 제3항의 경우 해당 공무원은 그 권한을 표시하는 증표를 지니고 이를 관계인에게 내보여야 한다.

**제79조(수수료)** 다음 각 호의 어느 하나에 해당하는 자는 문화체육관광부령으로 정하는 바에 따라 수수료를 내야 한다. 〈개정 2007.7.19., 2008.2.29., 2009.3.25., 2011.4.5.〉

1. 제4조제1항 및 제4항에 따라 여행업, 관광숙박업, 관광객 이용시설업 및 국제회의업의 등록 또는 변경등록을 신청하는 자
2. 제5조제1항 및 제3항에 따라 카지노업의 허가 또는 변경허가를 신청하는 자
3. 제5조제2항부터 제4항까지의 규정에 따라 유원시설업의 허가 또는 변경허가를 신청하거나 유원시설업의 신고 또는 변경신고를 하는 자
4. 제6조에 따라 관광 편의시설업 지정을 신청하는 자
5. 제8조제4항 및 제5항에 따라 지위 승계를 신고하는 자
6. 제15조제1항 및 제2항에 따라 관광숙박업, 관광객 이용시설업 및 국제회의

업에 대한 사업계획의 승인 또는 변경승인을 신청하는 자
7. 제19조에 따라 관광숙박업의 등급 결정을 신청하는 자
8. 제23조제2항에 따라 카지노시설의 검사를 받으려는 자
9. 제25조제2항에 따라 카지노기구의 검정을 받으려는 자
10. 제25조제3항에 따라 카지노기구의 검사를 받으려는 자
11. 제33조제1항에 따라 안전성검사 또는 안전성검사 대상에 해당되지 아니함을 확인하는 검사를 받으려는 자
12. 제38조제2항에 따라 관광종사원 자격시험에 응시하려는 자
13. 제38조제2항에 따라 관광종사원의 등록을 신청하는 자
14. 제38조제4항에 따라 관광종사원 자격증의 재교부를 신청하는 자
15. 제48조의6제1항에 따라 문화관광해설사 양성을 위한 교육프로그램 또는 교육과정의 인증을 신청하는 자

**제80조(권한의 위임 · 위탁 등)** ① 이 법에 따른 문화체육관광부장관의 권한은 대통령령으로 정하는 바에 따라 그 일부를 시 · 도지사에게 위임할 수 있다. 〈개정 2008.2.29.〉

② 시 · 도지사는 제1항에 따라 문화체육관광부장관으로부터 위임받은 권한의 일부를 문화체육관광부장관의 승인을 받아 시장 · 군수 · 구청장에게 재위임할 수 있다. 〈개정 2008.2.29.〉

③ 문화체육관광부장관 또는 시 · 도지사 및 시장 · 군수 · 구청장은 다음 각 호의 권한의 전부 또는 일부를 대통령령으로 정하는 바에 따라 한국관광공사, 협회, 지역별 · 업종별 관광협회 및 대통령령으로 정하는 전문 연구 · 검사기관이나 자격검정기관에 위탁할 수 있다. 〈개정 2007.7.19., 2008.2.29., 2008.6.5., 2009.3.25., 2011.4.5., 2015.2.3.〉

1. 제6조에 따른 관광 편의시설업의 지정 및 제35조에 따른 지정 취소
1의2. 제13조제2항 및 제3항에 따른 국외여행 인솔자의 등록 및 자격증 발급
2. 제19조제1항에 따른 관광숙박업의 등급 결정
2의2. 제19조의2에 따른 우수숙박시설의 지정 및 그 취소

3. 제25조제3항에 따른 카지노기구의 검사
4. 제33조제1항에 따른 안전성검사 또는 안전성검사 대상에 해당되지 아니함을 확인하는 검사
4의2. 제33조제3항에 따른 안전관리자의 안전교육
5. 제38조제2항에 따른 관광종사원 자격시험 및 등록
6. 삭제 〈2011.4.5.〉
7. 제48조의6 및 제48조의7에 따른 문화관광해설사 양성을 위한 교육프로그램 및 교육과정의 인증 및 그 취소

④ 제3항에 따라 위탁받은 업무를 수행하는 한국관광공사, 협회, 지역별·업종별 관광협회 및 전문 연구·검사기관이나 자격검정기관의 임원 및 직원과 제23조제2항·제25조제2항에 따라 검사기관의 검사·검정 업무를 수행하는 임원 및 직원은 「형법」 제129조부터 제132조까지의 규정을 적용하는 경우 공무원으로 본다. 〈개정 2008.6.5.〉

# 제7장 벌칙

**제81조(벌칙)** 다음 각 호의 어느 하나에 해당하는 자는 5년 이하의 징역 또는 5천만원 이하의 벌금에 처한다. 이 경우 징역과 벌금은 병과(倂科)할 수 있다.
1. 제5조제1항에 따른 카지노업의 허가를 받지 아니하고 카지노업을 경영한 자
2. 제28조제1항제1호 또는 제2호를 위반한 자

**제82조(벌칙)** 다음 각 호의 어느 하나에 해당하는 자는 3년 이하의 징역 또는 3천만원 이하의 벌금에 처한다. 이 경우 징역과 벌금은 병과할 수 있다. 〈개정 2009.3.25., 2015.5.18.〉
1. 제4조제1항에 따른 등록을 하지 아니하고 여행업·관광숙박업(제15조제1항에 따라 사업계획의 승인을 받은 관광숙박업만 해당한다)·국제회의업

및 제3조제1항제3호나목의 관광객 이용시설업을 경영한 자

2. 제5조제2항에 따른 허가를 받지 아니하고 유원시설업을 경영한 자
3. 제20조제1항 및 제2항을 위반하여 시설을 분양하거나 회원을 모집한 자
4. 제33조의2제3항에 따른 사용중지 등의 명령을 위반한 자

**제83조(벌칙)** ① 다음 각 호의 어느 하나에 해당하는 카지노사업자(제28조제1항 본문에 따른 종사원을 포함한다)는 2년 이하의 징역 또는 2천만원 이하의 벌금에 처한다. 이 경우 징역과 벌금은 병과할 수 있다. 〈개정 2007.7.19., 2011.4.5., 2015.2.3.〉

1. 제5조제3항에 따른 변경허가를 받지 아니하거나 변경신고를 하지 아니하고 영업을 한 자
2. 제8조제4항을 위반하여 지위승계신고를 하지 아니하고 영업을 한 자
3. 제11조제1항을 위반하여 관광사업의 시설 중 부대시설 외의 시설을 타인에게 경영하게 한 자
4. 제23조제2항에 따른 검사를 받아야 하는 시설을 검사를 받지 아니하고 이를 이용하여 영업을 한 자
5. 제25조제3항에 따른 검사를 받지 아니하거나 검사 결과 공인기준등에 맞지 아니한 카지노기구를 이용하여 영업을 한 자
6. 제25조제4항에 따른 검사합격증명서를 훼손하거나 제거한 자
7. 제28조제1항제3호부터 제8호까지의 규정을 위반한 자
8. 제35조제1항 본문에 따른 사업정지처분을 위반하여 사업정지 기간에 영업을 한 자
9. 제35조제1항 본문에 따른 개선명령을 위반한 자
10. 제35조제1항제19호를 위반한 자
11. 제78조제2항에 따른 보고 또는 서류의 제출을 하지 아니하거나 거짓으로 보고를 한 자나 같은 조 제3항에 따른 관계 공무원의 출입·검사를 거부·방해하거나 기피한 자

② 제4조제1항에 따른 등록을 하지 아니하고 야영장업을 경영한 자는 2년 이

하의 징역 또는 2천만원 이하의 벌금에 처한다. 이 경우 징역과 벌금은 병과할 수 있다. 〈신설 2015.2.3.〉

**제84조(벌칙)** 다음 각 호의 어느 하나에 해당하는 자는 1년 이하의 징역 또는 1천만원 이하의 벌금에 처한다. 〈개정 2007.7.19., 2009.3.25.〉

1. 제5조제3항에 따른 유원시설업의 변경허가를 받지 아니하거나 변경신고를 하지 아니하고 영업을 한 자
2. 제5조제4항 전단에 따른 유원시설업의 신고를 하지 아니하고 영업을 한 자
3. 제33조를 위반하여 안전성검사를 받지 아니하고 유기시설 또는 유기기구를 설치한 자
4. 제34조제2항을 위반하여 유기시설 · 유기기구 또는 유기기구의 부분품(部分品)을 설치하거나 사용한 자

4의2. 제35조제1항제14호에 해당되어 관할 등록기관등의 장이 발한 명령을 위반한 자

5. 제35조제1항제20호에 해당되어 관할 등록기관등의 장이 발한 개선명령을 위반한 자
6. 제55조제3항을 위반하여 조성사업을 한 자

**제85조(양벌규정)** 법인의 대표자나 법인 또는 개인의 대리인, 사용인, 그 밖의 종업원이 그 법인 또는 개인의 업무에 관하여 제81조부터 제84조까지의 어느 하나에 해당하는 위반행위를 하면 그 행위자를 벌하는 외에 그 법인 또는 개인에게도 해당 조문의 벌금형을 과(科)한다. 다만, 법인 또는 개인이 그 위반행위를 방지하기 위하여 해당 업무에 관하여 상당한 주의와 감독을 게을리하지 아니한 경우에는 그러하지 아니하다.

[전문개정 2010.3.17.]

**제86조(과태료)** ① 제33조의2제1항에 따른 통보를 하지 아니한 자에게는 500만원 이하의 과태료를 부과한다. 〈신설 2015.5.18.〉

② 다음 각 호의 어느 하나에 해당하는 자에게는 100만원 이하의 과태료를

부과한다. 〈개정 2011.4.5., 2014.3.11., 2015.2.3., 2015.5.18., 2016.2.3.〉

1. 삭제 〈2011.4.5.〉
2. 제10조제3항을 위반한 자
3. 삭제 〈2011.4.5.〉
4. 제28조제2항 전단을 위반하여 영업준칙을 지키지 아니한 자

4의2. 제33조제3항을 위반하여 안전교육을 받지 아니한 자

4의3. 제33조제4항을 위반하여 안전관리자에게 안전교육을 받도록 하지 아니한 자

4의4. 제38조제6항을 위반하여 관광통역안내를 한 자

4의5. 제38조제7항을 위반하여 자격증을 패용하지 아니한 자

5. 제48조의6제4항을 위반하여 인증을 받지 아니한 교육프로그램 또는 교육과정에 인증표시를 하거나 이와 유사한 표시를 한 자

③ 제1항 및 제2항에 따른 과태료는 대통령령으로 정하는 바에 따라 관할 등록기관등의 장이 부과 · 징수한다. 〈개정 2015.5.18.〉

④ 삭제 〈2009.3.25.〉

⑤ 삭제 〈2009.3.25.〉

## 부칙 〈제13958호, 2016.2.3.〉

이 법은 공포 후 6개월이 경과한 날부터 시행한다. 다만, 제48조제4항제5호의 개정규정은 공포한 날부터 시행하고, 제38조제8항, 제40조 각 호 외의 부분 단서 및 같은 조 제5호의 개정규정은 공포 후 3개월이 경과한 날부터 시행한다.

## 제4절 카지노업 영업준칙

# 제1장 총칙

**제1조(목적)** 이 준칙은 관광진흥법 제25조 · 제28조 · 제30조, 관광진흥법시행령 제30조 및 관광진흥법시행규칙 제33조 · 제36조의 규정에 의하여 카지노사업자와 카지노 종사원 및 카지노 이용객이 카지노업의 영업 및 회계와 관련하여 지켜야 할 사항을 정함으로써 카지노업의 건전한 발전을 도모함을 목적으로 한다.

**제2조(적용범위)** 카지노업의 영업 및 회계에 관하여는 다른 법령에 특별한 규정이 있는 경우를 제외하고는 이 준칙이 정하는 바에 의한다.

**제3조(정의)** 이 준칙에서 사용하는 용어의 정의는 다음과 같다.

1. "콤프"라 함은 카지노사업자가 고객 유치를 위해 카지노 고객에게 무료로 숙식, 교통서비스, 골프비용, 물품(기프트카드 포함), 기타 서비스 등을 제공하는 것을 말한다.
2. "크레딧"이라 함은 카지노사업자가 고객에게 게임 참여를 조건으로 칩스로 신용대여하는 것을 말한다.
3. "칩스"라 함은 카지노에서 베팅에 사용되는 도구를 말한다.
4. "카운트룸"이라 함은 드롭박스의 내용물을 계산하는 계산실을 말한다.
5. "고객관리대장"이라 함은 카지노 영업장에 출입한 사실이 있는 고객에 한정하여 고객의 이름, 여권번호, 국적, 유효기간 등의 기록을 유지하여 입장을 원활하게 하기 위한 장부를 말한다.
6. "뱅크롤"이라 함은 영업준비금을 말한다.
7. "베팅금액한도표"라 함은 1회 베팅가능 최저액과 최고액을 표시한 표를 말한다.

8. “드롭박스”라 함은 게임테이블에 부착된 현금함을 말한다.
9. “드롭”이라 함은 드롭박스 내에 있는 현금, 수표, 유가증권 등의 내용물을 말한다.
10. “전문모집인”이라 함은 카지노사업자와 일정한 계약을 맺고 카지노사업자의 판촉을 대행하여 게임의 결과에 따라 수익을 분배하는 등의 행위를 하는 자, 또는 법인 등을 말한다.
11. “머신게임”이라 함은 슬롯머신(Slot Machine) 및 비디오게임(Video Game)을 말한다.
12. “프리칩스 쿠폰”이라 함은 카지노게임 참여를 통한 입장객 증대와 매출촉진을 목적으로 외래관광객을 대상으로 직·간접적으로 배포한 쿠폰을 말한다.
13. “프리칩스”라 함은 프리칩스 쿠폰에 기재된 금액만큼 교환되어지는 칩스를 말한다.
14. “칩스교환대”라 함은 테이블게임 기기와는 별도로 칩스교환을 하는 부스를 말한다.
15. “셔플기”라 함은 카드를 섞을 때 사용하는 기계를 말한다.
16. “터미널”이라 함은 E-Table게임에서 베팅에 참여하기 위한 전자식 숫자표시장치로서 일반 테이블게임 레이아웃과 같은 모양으로 구성된 디스플레이를 말한다.
17. “하이브리드 전자 게임”이라 함은 테이블게임과 머신게임의 특성이 조합된 형태의 게임을 말한다.
18. “기록, 유지”라 함은 전산 자료 또는 장부에 의해 수치 등을 작성, 보관하는 것을 말한다.

# 제2장 영업시설

**제4조(전산시설 설치기준등)** 카지노전산시설 설치기준 및 운영요령은 문화체육관광부장관이 고시하는 카지노전산시설기준에 의한다.

**제5조(출납창구의 설치기준)** 출납창구는 다음 각호의 기준에 적합하게 설치하여야 한다.

1. 현금, 칩스, 기록문서가 통과할 수 있도록 개봉된 창구를 설치하여야 한다.
2. 출납장면을 녹화할 수 있도록 CCTV를 설치하여야 한다.
3. 출입문 내부에 잠금장치를 설치하여야 한다.
4. 카지노사업자는 고객의 편의증대를 위하여 칩스교환대를 설치 운영할 수 있다.

**제6조(환전영업소의 설치기준등)** ① 환전영업소의 설치기준은 제5조의 규정을 준용한다.

② 카지노사업자는 필요한 경우 환전업무와 출납업무를 동일한 장소에서 수행하게 할 수 있다.

**제7조(카운트룸 설치기준)** 카운트룸은 다음 각호의 기준에 적합하게 설치하여야 한다.

1. 출입문은 1개이어야 한다.
2. 출입문에는 잠금장치를 설치하여야 한다.
3. 바닥까지 보이는 투명한 재질로 제작된 계산대를 갖추어야 한다.
4. 계산장면을 녹화할 수 있도록 CCTV를 설치하여야 한다.
5. 드롭박스를 안전하게 보관할 수 있는 공간을 확보하여야 한다.

**제8조(CCTV의 녹화)** ① 카지노사업자는 다음 각호에 해당하는 장면을 녹화하여야 한다.

1. 카지노 영업장에 출입장면

2. 환전(재환전) 및 출납장면

3. 테이블에서 행해지는 게임장면

4. 카운트룸에서 행해지는 계산장면

5. 기타 카지노에서 일어나는 행위

② CCTV 녹화물은 촬영장소에 따라 관리번호(월 · 일 · 시간 표기)를 부여하여 다음 각호에서 정한 기간 동안 보관하여야 한다.

1. 카운트룸의 계산장면 : 녹화한 날부터 20일 이상

2. 기타 장면 : 녹화한 날부터 6일 이상

③ 카지노사업자는 CCTV 설비의 작동상태를 주기적으로 점검하여 별지 제1호서식의 CCTV 점검기록부에 점검결과를 기록하여야 한다.

**제9조(통제구역 설정 및 관리)** ① 카지노사업자는 다음 각호의 구역을 통제구역으로 설정하고 출입문에 통제구역 표시를 붙여야 한다.

1. 카운트룸

2. 모니터룸

② 통제구역에 허가받은 자 이외의 자가 출입한 경우에는 별지 제2호서식의 통제구역출입대장에 다음 각호의 사항을 기록하여야 한다.

1. 출입자이름

2. 출입일시

3. 출입사유

③ 제2항의 허가받은 자라 함은 다음 각호의 자를 말한다.

1. 카운트룸 : 계산요원

2. 모니터룸 : CCTV 시설 담당부서 직원

**제10조(시설관리)** 카지노사업자는 이 준칙에서 정한 시설을 성실히 유지 · 관리하여야 한다.

# 제3장 게임기구

**제11조(게임기구의 종류등)** ① 카지노 영업장에서 사용하는 게임기구의 종류는 별표 1과 같다.

② 카지노사업자는 게임 진행의 원활화를 위하여 제1항에서 규정한 게임기구 중 일부를 사용하지 않거나 보조게임기구를 사용할 수 있다.

**제12조(게임기구의 관리)** 카지노사업자는 별지 제3호서식의 게임기구현황표를 작성하고 게임기구를 성실히 관리하여야 한다.

**제13조(칩스의 규격 및 관리등)** ① 칩스는 정액칩스와 비정액칩스로 구분한다.

② 정액칩스의 액면가는 숫자 또는 색깔로 뚜렷이 구별될 수 있도록 하여야 한다.

③ 비정액칩스의 액면가는 카지노사업자와 게임참가자의 합의에 의하여 정한다.

④ 카지노사업자는 위조칩스의 발생 등 정당한 사유가 있을 때에는 즉시 예비칩스로 교체, 사용할 수 있다.

⑤ 카지노사업자는 칩스관리대장을 비치하고 기록을 유지하여야 하며 게임 진행에 지장이 없도록 적정수량을 확보하여야 한다.

⑥ 칩스는 사업장 내 안전한 장소에 보관하여야 하며 언제나 확인이 가능하도록 정리되어 있어야 한다.

**제14조(테이블의 규격)** 게임테이블은 드롭박스를 부착하여야 하며, 레이아웃과 테이블별 적용 베팅금액한도표를 설치해 두어야 한다.

**제15조(룰렛휠의 규격)** ① 룰렛휠의 규격은 직경 700㎜ 이상이어야 한다.

② 룰렛휠은 싱글제로 휠과 더블제로 휠의 2종을 사용할 수 있으며, 싱글제로 휠은 0과 1에서 36까지 총 37개의 볼 낙착구역이 균등하게 배열되어 있어야 하며, 더블제로 휠은 0, 00과 1에서 36까지 총 38개의 볼 낙착구역이 균등하게 배열되어 있어야 한다.

**제16조(빅휠의 규격)** ① 빅휠의 직경은 1,500㎜ 이상이어야 한다.

② 빅휠의 둘레는 균등한 간격으로 구분되어야 하고, 간격의 수는 50개 이상이 되어야 하며, 각 간격 사이에 들어갈 그림 혹은 숫자가 선명히 나타나야 한다.

**제17조(주사위 흔들개의 규격)** 빠이까우 게임 시 참가자의 순번을 정하기 위하여 사용되는 주사위 흔들개는 카지노사업자가 별도로 정할 수 있다.

**제18조(카드의 규격 및 관리)** ① 카드는 52장 혹은 조커카드가 있을 경우에는 54장의 카드를 1덱으로 구성한다.

② 카드 1덱은 4종의 문양 즉, 다이아몬드, 스페이드, 클럽 및 하트로 구성되며, 각 문양은 A, K, Q, J, 10, 9, 8, 7, 6, 5, 4, 3, 2로 구성된다.

③ 카지노사업자는 사업장 내의 지정된 장소에 카드를 보관하여야 한다.

④ 흠집 등 카드에 이상이 발견되면 즉시 카드를 교체하여야 한다.

**제19조(룰렛볼의 규격)** ① 룰렛볼의 규격은 직경이 16㎜ 이상이어야 한다.

② 룰렛볼의 재질은 비금속성이어야 한다.

**제20조(주사위의 규격)** ① 주사위의 규격은 주사위 눈의 식별이 가능한 크기이어야 한다.

② 주사위 각 면의 눈의 숫자는 1과 6, 2와 5, 3과 4가 서로 마주보고 있어야 한다.

③ 주사위의 면과 면 사이는 90°를 이루어야 하며, 각 면의 무게가 일정하여야 한다.

## 제4장 영업절차

**제21조(고객출입관리)** ① 카지노 영업장에는 내국인(해외이주법 제2조의 규정에 의한 해외이주자를 제외한다) 및 19세미만의 자를 출입시켜서는 아니 된

다. 다만, 카지노이용객의 편의를 돕기 위한 여행사직원과 방문객은 방문증을 패용케 한 후 출입시킬 수 있으나 게임에 참가할 수 없도록 조치를 취하여야 한다.

② 카지노 출입구에는 "내국인출입금지"라는 표지를 붙여야 한다.

③ 카지노사업자는 모든 카지노 입장객에 대해 다음 각호의 신분증명서를 각 인별로 직접 확인해야 한다.

1. 여권, PT여권(여행증명서)
2. 외교관 신분증, 미군 ID카드,
3. 영주자격이 확인되는 재외국민국내거소신고증, 외국국적동포거소 신고증, 시민권 또는 영주권카드
4. 외국인임이 입증되는 국제운전 면허증, 외국인등록증, 선원수첩(선원증). 다만, 다음 각목의 경우에는 각인별로 직접 확인을 생략할 수 있으나 내국인으로 확인된 경우에는 관광진흥법령에 규정된 제재를 받아야 한다.
   가. 동반한 여행사직원이 고객명단을 제출한 단체입장객의 경우
   나. 별지 제4호서식의 고객관리대장 및 고객관리용 전산장치에 등재되어 있는 단골고객의 경우

④ 카지노사업자는 별지 제5호서식의 입장객현황을 작성하여야 한다.

⑤ 카지노사업자는 다음 각호의 사람의 입장을 금지시킬 수 있다.

1. 무기소지 등으로 타인에게 위협을 줄 수 있는 자
2. "폭력행위 등 처벌에 관한 법률" 제4조에 따른 단체 또는 집단을 구성하거나 그 단체 또는 집단에 자금을 제공한자
3. 카지노에서 불법행위나 소란행위 등으로 영업장운영을 방해한 경력이 있는 자
4. 폭력 · 만취 · 고성방가 · 정신장애 · 악취 등으로 타인에게 위압 또는 혐오감을 느끼게 하는 자
5. 국내외를 막론하고 불법행위 등으로 카지노업체에 피해를 입힌 경력이 있는자

6. 카드카운터 등 전문도박인으로 인정되는 자

⑥ 카지노사업자는 제5항 각호에 해당하는 자가 발생한 경우에는 한국카지노업관광협회에 이를 보고하여야 하며, 한국카지노업관광협회는 매월 카지노사업자에게 이들의 명단을 통보하여야 한다.

⑦ 카지노 영업장 내에서 영업행위를 방해하거나 방해할 우려가 있는 자는 강제 퇴장시킬 수 있다.

⑧ 제1항 내지 제3항의 규정은 폐광지역개발지원에관한특별법에 의하여 설립된 카지노에는 적용하지 아니한다.

**제22조(환전)** ① 카지노 환전영업소에서 환전할 수 있는 외화의 종류 등은 외국환거래법령이 정한 바에 따른다.

② 환전영업소에서의 환율적용 및 행정절차는 외국환거래법령에 따른다.

**제23조(게임규칙)** 카지노업의 영업종류별 개별규칙은 관광진흥법(이하 "법"이라 한다) 제26조제2항 및 관광진흥법시행규칙(이하 "규칙"이라 한다) 제35조제2항의 규정에 의하여 문화체육관광부장관에게 신고한 카지노업의 영업종류별 영업방법 및 배당금에 관한 규정에 의한다.

**제24조(게임의 진행)** ① 카지노사업자는 게임참가자가 1명이라도 게임을 진행할 수 있다.

② 모든 게임에서 베팅과 지불은 카지노사업자가 인정하는 칩스(전자칩스를 포함한다)만 사용하여야 한다.

③ 수표로 칩스를 교환코자 하는 게임참가자에게 카지노사업자는 신분증 제시를 요구할 수 있다.

④ 카지노사업자는 각 테이블에 베팅가능한 최저 · 최대 한도금액을 설정하여야 한다.

⑤ 게임참가자는 베팅한도금액을 초과하거나 미달되게 베팅하여서는 아니 된다.

⑥ 카지노사업자가 카지노 특성에 맞는 규칙을 정할 경우에는 이를 게시하여야 하며 카지노사업자와 게임참가자는 그 규칙을 준수하여야 한다.

⑦ 게임을 위한 베팅은 반드시 베팅지역에 칩스를 놓아야 한다.

**제25조(칩스수불)** ① 영업부서와 칩스관리부서에 칩스이동이 발생할 경우에는 별지 제6호 서식의 칩스전표 2부를 작성하여 부본은 테이블의 드롭박스에 투입하고 원본은 칩스관리부서에서 이를 보관하여야 한다.

② 제1항의 칩스전표에는 다음 각호의 사항을 기재하여야 한다.

1. 칩스전표 발행일시
2. 게임종목 및 테이블번호
3. 액면가별 칩스수량

③ 칩스전표상의 금액과 실제 칩스금액을 확인하기 위하여 영업부서의 딜러와 감독자, 칩스관리직원이 서명하여야 한다.

④ 칩스전표를 잘못 발행한 경우에는 VOID라고 표시하고, 책임자가 서명하여야 한다.

⑤ 전산시스템이 구축되어 전자서명 등으로 칩스 이동의 확인 및 관리가 가능한 경우 이를 전산화일 보관으로 대체할 수 있다.

**제26조(출납과 재환전)** ① 칩스는 고객이 요청할 경우 즉시 현금 등으로 교환하여야 한다.

② 출납에서는 칩스교환요구 고객의 게임 참가 및 크레딧 제공 여부를 확인할 수 있으며 게임에 참가하지 않았거나 크레딧을 상환하지 않는 고객에 대하여는 현금교환을 지연 또는 거부할 수 있다.

③ 재환전 시 행정절차와 장표관리에 관하여는 외국환거래법령에 따른다.

**제27조(드롭박스의 기준등)** 드롭박스는 다음 각호의 기준에 적합하여야 한다.

1. 2중의 잠금장치를 하여야 하며, 테이블에 부착시키는 잠금장치는 드롭박스 자체의 잠금장치와 분리되어야 한다.
2. 현금, 수표, 유가증권 및 전표 등을 넣을 수 있어야 한다.
3. 식별이 가능하도록 게임유형별 테이블번호가 선명히 표시되어 있어야 한다.

**제28조(드롭박스의 열쇠관리등)** ① 테이블에서 드롭박스를 제거하는 열쇠는 회

계부서와 독립된 부서에서 관리하여야 한다.

② 드롭박스 개봉열쇠는 계산요원만이 취급할 수 있다.

③ 드롭박스 제거열쇠와 드롭박스 개봉열쇠를 동일인이 관리하도록 하여서는 아니 된다.

**제29조(드롭박스의 계산절차)** ① 드롭박스 계산은 일정한 시간을 정하여 실시하여야 한다.

② 드롭박스의 계산은 카운트룸에서만 하여야 한다.

③ 계산에는 최소한 3명의 직원이 참여하여야 하며 1명은 화폐 등의 금액을 계산하고 다른 1명은 집계표를 작성하며, 나머지 1명은 이를 감독하는 방법으로 업무를 분장하여야 한다.

④ 드롭박스를 개봉하면 투명한 테이블에 내용물을 쏟아 내용물의 잔류여부를 감독자에게 확인시킨 다음 현금, 수표, 유가증권 등으로 분리하여 계산하여야 한다.

⑤ 각 테이블별로 작성된 드롭액을 집계하여 별지 제7호 서식의 일일집계표를 작성하고 계산에 참여한 전원이 서명하여야 하며, 계산내용을 수정할 때에도 또한 같다.

# 제5장 머신게임

**제30조(머신게임 시설기준)** ① 머신게임을 운영하는 카지노사업자는 원활한 영업활동과 효율적인 내부통제를 위하여 다음 각호의 시설을 갖추어야 한다.

1. 잔돈교환소
2. 중앙금고
3. 코인(토큰)카운트(포장)실
4. CCTV 시설

② 제1항의 시설 중 제1호의 시설은 출납창구와, 제2호의 시설은 테이블게임 칩스뱅크(chips bank)와, 제3호의 시설은 테이블게임 카운트룸(count room)과 병행하여 사용할 수 있다.

**제31조(잔돈교환소의 설치기준등)** ① 잔돈교환소는 고객의 이용이 편리하고 보안성을 고려하여 다음 각호의 기준에 적합하게 설치하여야 한다.

1. 윗면이 개봉된 부스형이어야 하고 밀폐된 면의 상단부는 투명한 재질로 설치하여야 한다.
2. 지폐, 코인(토큰), 문서 등이 통과할 수 있도록 개봉된 창구를 설치하여야 한다.
3. 출입문 내부에 잠금장치를 하여야 한다.
4. 지폐, 코인(토큰), 문서 등의 교환장면은 녹화할 수 있도록 CCTV 설치가 가능하여야 한다.

② 카지노사업자는 고객의 편의를 도모하기 위하여 잔돈교환소의 책임하에 이동식 잔돈교환원, 잔돈교환머신 등을 운영할 수 있다.

**제32조(CCTV시설)** 제30조제1항제4호의 CCTV 시설은 다음 각호의 장면을 감시할 수 있어야 한다.

1. 머신게임기구(이하 "머신기구"라 한다) 주도어 개폐장면
2. 코인(토큰) · 지폐 등의 드롭 및 호퍼(hopper)에 코인(토큰)을 넣는 장면
3. 기타 머신게임 운영과 관련하여 필요한 장면

**제33조(머신기구의 규격 및 기준)** 카지노 영업장에 설치되는 모든 머신기구는 다음 각호의 규격 및 기준에 적합하여야 한다.

1. 배당금액표는 고객이 볼 수 있도록 머신기구 내부 또는 외부에 명시되어야 한다.
2. 머신기구의 전면에는 항상 다음 각목의 내용을 표시하고 있어야 한다.
   가. 투입된 코인(토큰)수
   나. 고객이 이겼을 때 지불된 코인(토큰)수

다. 남아있는 코인(토큰)

3. 수학적으로 검증이 되는 이론적 배당률이 반드시 75% 이상이어야 한다.
4. 매 게임의 결과는 무작위 선택방법에 의하여 결정되어야 하고, 실제 운영테스트 등의 방법을 이용하여 시험할 때 95% 이상의 신뢰도를 가져야 한다.
5. 배당률 조작을 위한 배당금액표 자동전환장치가 부착되어서는 아니된다.
6. 고객으로부터 발생되는 정전기, 외부의 자기방해, 전기방해, 무선주파수 등에 대한 내성을 가져야 하고, 전원공급장치는 휴즈나 회로차단기로 보호되어야 한다.
7. 투입, 지불, 드롭(drop)을 기록할 수 있는 미터기를 포함한 최소 3개 이상의 미터기를 장착하여 6자리 이상까지 등록할 수 있어야 한다.
8. 투입미터기는 머신기구에 투입한 코인(토큰) 등을 누적하여 기록하여야 하고, 지불미터기는 머신기구를 통해 고객에게 지불된 코인(토큰) 등을 누적하여 기록하여야 하며, 드롭미터기는 드롭박스에 떨어진 코인(토큰) 등을 누적하여 기록하여야 한다.
9. 미터기는 정전에 대비하여 자체정보를 보유하고 있는 구조이어야 한다.
10. 코인(토큰) 또는 지폐접수기가 내장되어 있어야 하고, 유효한 것만 받아들이도록 되어 있어야 한다.
11. 이피롬(Eprom)은 주요한 회계자료를 보존하여야 하며, 카지노사업자가 최저승률이하로 변경하거나 카지노기구검사기관(이하 "검사기관"이라 한다)의 검사를 받지 아니한 이피롬은 사용하지 못하도록 봉인하여야 한다.
12. 머신게임과 관련된 프로그램이 들어있는 회로보드는 이를 보호할 커버가 있어야 하고, 회로보드커버에 잠금장치(봉인)가 되어 있어야 한다.
13. 호퍼의 고장, 지불코인(토큰)의 소진, 릴스핀 에러(reel spin error) 등 결함이 있는 경우와 작동불량으로 수리가 필요한 경우 등을 감지할 수 있어야 하고, 머신기구상에 명확하게 그 사실이 표기되어야 한다.
14. 머신기구 상단부에 최소 2단계 이상의 경보용 등장치를 장착하고 있어야 하되, 1단계는 주도어가 열렸거나 드롭박스가 열리는 등 보안상의 이유로

경보등이 점멸되어야 하며, 2단계는 고객이 코인(토큰)이 필요하거나 서비스가 필요할 때 점멸되도록 되어 있어야 한다.

15. 생산자의 이름, 생산일련번호, 모델번호 및 생산일자를 표시하여야 한다.

**제34조(머신기구의 설치등)** ① 머신기구는 허가받은 카지노 영업장 이외에서 영업에 사용할 수 없다.

② 머신게임운영책임자는 영업장에 머신기구 설치 즉시 기구별로 고유번호를 부여하여야 하고, 설치된 머신기구의 배당률 관련자료가 유출되지 않도록 관리하여야 한다.

③ 카지노사업자는 동일 영업장내 또는 타 카지노 영업장과 수대의 머신기구를 연결 · 설치하여 운영할 수 있다.

④ 제3항의 규정에 의하여 머신기구를 연결 · 설치한 경우에는 누적식 배당금액표시기를 고객이 볼 수 있도록 설치하여야 한다.

⑤ 제3항의 규정에 의하여 머신기구를 연결 · 설치한 경우에는 누적식 배당금액지불에 대비하여 공동으로 일정액을 적립하거나, 각 사업자별로 충분한 현금을 보유하여야 한다.

⑥ 1억원 이상의 누적식 배당금액에 당첨된 고객에 대하여는 약관에 명기된 경우에 한하여 배당금을 분할지급할 수 있다.

**제35조(머신기구의 철거)** ① 머신기구를 철거할 때에는 머신게임운영책임자, 근무조책임자 및 안전관리부서요원이 함께 참여하여야 한다.

② 카지노사업자가 영업장 내에서 일시 또는 영구적으로 머신기구를 철거할 때에는 각각의 머신기구에 대한 철거당시의 호퍼, 드롭박스 등에 있는 금액과 투입, 지불 및 드롭미터기의 수치를 별도로 기록, 유지하여야 한다.

**제36조(이피롬의 관리)** ① 카지노사업자가 검사기관에 머신기구 검사를 신청할 때에는 머신기구의 모델별로 각각 1개의 이피롬을 제출하여야 한다.

② 카지노사업자는 검사기관에 등록된 이피롬만 사용하여야 한다.

③ 카지노사업자는 어떠한 경우에도 검사기관의 검사를 받지 아니하고는 사

용중인 이피롬을 교체할 수 없다.

**제37조(영업일지 기록)** ① 머신기구의 주도어를 연 때에는 반드시 전산장치 또는 머신영업일지에 다음 사항을 기록·비치하여야 한다.

1. 일시
2. 사유
3. 조치결과
4. 직원의 성명 및 서명

**제38조(배당률 점검)** 머신게임운영책임자는 출납부서와 협조하여 주기적으로 기계에 내장된 미터기 등을 판독하여 이론적 배당률과 실제 배당률의 차이를 점검하고, 그 차이가 5% 이상일 경우에는 검사기관의 장에게 즉시 통보 하여야 하며 이에 따른 검사기관의 조치에 응하여야 한다.

**제39조(계산확인절차)** 계산확인절차는 계산이 종료된 후 다음 사항을 확인하여야 한다.

1. 잭팟·필지불티켓 원본과 사본의 모든 내용과 서명 등이 일치하는지 여부
2. 잭팟·필지불티켓의 합계가 드롭보고서와 일치하는지 여부
3. 계산금액에 오기가 없는지 및 화폐금액으로의 환산이 정확한지 여부
4. 미터기에 의해 판독한 금액과 실제 계산한 금액과의 차이 등

**제40조(중앙금고의 관리)** ① 중앙금고는 금고회계원의 책임하에 운영하여야 한다.

② 모든 거래는 일일금고잔고보고서에 매 교대조별로 요약 기록하여야 한다.

**제41조(머신게임의 매출액)** 머신게임의 매출액이라 함은 고객이 머신기구에 투입한 총금액에서 머신기구를 통하여 고객에게 지불된 총금액 및 머신기구를 통하지 않고 별도로 지불된 총금액을 공제한 금액을 말한다.

**제42조(테이블게임과 함께 운영하는 사업자의 총매출액 산정방법 등)** ① 테이블게임과 머신게임을 함께 운영하는 카지노사업자의 관광진흥개발기금(이하

"기금"이라 한다) 부과를 위한 총매출액 산정은 제41조 및 제50조의 규정에 의하여 산출한 매출액을 합한 금액을 말한다.

② 테이블게임과 머신게임을 함께 운영하는 카지노사업자가 제58조의 규정에 의한 매출액을 보고할 때에는 테이블게임 매출액과 머신게임 매출액의 내역을 각각 별도로 작성, 별지 제8호서식의 매출액 현황에 따라 보고하여야 한다.

**제43조(매출액 자동확인시스템 구축 등)** ① 매출액 자동확인시스템을 구축한 카지노사업자에 대하여는 제39조의 계산관련 절차의 규정을 적용하지 아니한다.

② 매출액 자동확인시스템에 의한 매출액 기록은 리세팅이 불가능하고, 전원이 차단된 상태에서도 5년간 기록이 보존되어야 하며, 필요시 일일매출액 및 누적매출액의 출력이 즉시 가능하여야 한다.

**제44조(머신기구 검사기관의 지정기준)** 문화체육관광부장관이 법 제25조제2항 및 규칙 제33조제3항의 규정에 의하여 검사기관을 지정하고자 할 때에는 다음 각호의 요건을 갖춘 경우에 한하여 지정할 수 있다.

1. 검사기관의 대표자, 임원, 주주가 법 제7조제1항 각호의 1에 해당되지 않아야 한다.
2. 검사기관은 머신기구의 배당률을 확인할 수 있는 능력을 갖추어야 한다.
3. 제33조의 규정에 의한 머신기구의 규격 및 기준을 심사할 수 있는 인력 및 장비를 갖추어야 한다.

**제45조(머신기구의 검사)** 카지노 영업장에 머신기구를 설치하고자 하는 자는 규칙 제33조제3항 각호에 규정된 서류 이외에 다음 각호의 서류를 첨부하여 문화체육관광부장관이 지정한 검사기관의 검사를 받아야 한다. 규칙 제33조제2항제2호의 규정에 의한 경우에도 또한 같다.

1. 머신기구의 규격 및 기준에 적합함을 증명할 수 있는 서류
2. 기구설치도면
3. 기타 머신기구 검사기관이 요청한 서류

# 제6장 회계제도

**제46조(회계년도)** 카지노사업자에 대한 기금 부과를 위한 회계년도는 매년 1월 1일에 시작하여 12월 31일에 종료한다.

**제47조(회계기준)** 카지노사업자는 카지노 영업장의 수입 및 비용과 관련된 모든 거래를 기업회계기준에 적합하도록 기록 유지하여야 한다.

**제48조(회계기록)** 회계기록은 복식부기에 의하여야 하고 다음 각호와 관련된 증빙서류는 5년간 유지 보관하여야 한다.

1. 매출액, 카지노수입금, 카지노손실금에 관한 사항
2. 크레딧 관련 사항
3. 기타 영업 및 회계에 관한 주요사항(단, 전산시스템에 의거 관리되는 경우 바우처, 티켓 등 제반 증빙서류는 전산화일 보관으로 대체할 수 있다.)

**제49조(외부감사)** 카지노사업자는 재무제표를 작성하여 외부감사인에 의한 회계감사를 받아야 한다.

**제50조(매출액 산정)** ① 총매출액이라 함은 카지노 영업과 관련하여 고객으로부터 수입한 총금액에서 고객에게 지불한 총금액을 공제한 금액을 말한다.

② 제1항에서 고객으로부터 수입한 총금액이라 함은 카지노고객에게 현금, 수표, 유가증권 등을 칩으로 교환하여 준 금액과 크레딧으로 제공한 금액을 말한다.(단, 프리칩스쿠폰 및 프리칩스에 해당하는 금액은 고객으로부터 수입한 총금액에 산입하지 않으며, 기업회계기준에 따라 처리한다)

③ 제1항에서 고객에게 지불한 총금액이라 함은 카지노고객에게 칩을 현금으로 교환하여 준 금액과 제51조의 규정에 의하여 대손처리한 금액을 말한다.

④ 매출액은 일일단위로 결산하여 카지노고객으로부터 수입한 총금액이 카지노고객에게 지불한 총금액을 초과한 경우에는 별지 제9호서식의 매출액 현황에 이를 카지노수입금으로 표기처리하고, 카지노고객에게 지불한 총금액이

카지노고객으로부터 수입한 총금액을 초과하는 경우에는 이를 카지노손실금으로 표기처리하여야 한다.

⑤ 계약게임과 관련하여 카지노고객 및 전문모집인에게 지불하는 대가는 게임이 종료된 후 영업장내에서 칩스로 지불하여야 하며, 동 대가는 제 3항의 카지노고객에게 지불한 총금액에 산입한다. (단, 전문모집인이 내국인일 경우 계약게임 대가는 현금으로 지급할 수 있다.)

**제51조(대손처리)** 카지노고객이 제공한 현금, 수표, 유가증권 등이 위조 판명되거나 부도로 인하여 회수 불가능한 경우와 카지노사업자가 크레딧을 제공받은 자로부터 크레딧을 회수할 수 없다고 판단될 경우에는 관계법령이 정하는 바에 따라 이를 대손처리할 수 있다.

**제52조(콤프비용의 범위)** 카지노사업자가 카지노고객에게 제공할 수 있는 콤프의 범위는 다음 각호와 같다.

1. 고객 운송을 목적으로 지불할 경우
2. 고객 숙박을 목적으로 지불할 경우
3. 고객에게 식음료 및 주류제공을 목적으로 지불할 경우
4. 카지노 고객유치를 목적으로 골프비용, 물품(기프트 카드 포함), 기타 서비스 등을 제공 또는 지불할 경우

**제53조(콤프비용 증빙서류)** 카지노사업자가 카지노고객에게 콤프를 제공할 때에는 다음 각호의 증빙서류를 구비하여야 한다.

1. 콤프승인서
2. 수혜자의 여권사본
3. 항공권 복사본, 숙식영수증 등 콤프비용제공 증명서류

**제54조(크레딧 제공등)** ① 카지노사업자(폐광지역개발지원에관한특별법에 의한 카지노사업자는 제외한다)는 카지노게임 참가자에게 크레딧을 제공할 수 있다. 이 경우 다음 각호의 사항이 기록된 크레딧전표를 발행하여야 하며, 별지 제10호서식의 크레딧내역서에 크레딧 제공 및 상환관련 기록을 유지하여야 한다.

1. 제공일시
2. 금액
3. 제공자의 성명 및 서명
4. 제공받은자의 성명, 주소 또는 전화번호 및 서명

② 크레딧전표는 원 · 부본을 작성하여 크레딧 발행부서에 안전하게 보관한다.

③ 크레딧전표는 일련번호를 부여하여 순서대로 발행하며, 잘못 발행된 전표는 'VOID'라고 표시하고 책임자가 서명하여야 한다.

**제55조(크레딧 한도)** 카지노사업자가 카지노게임 참가자에게 제공하는 크레딧의 한도는 외국환거래법령이 정하는 바에 의한다.

**제56조(크레딧 상환)** 크레딧이 상환될 때에는 상환 즉시 크레딧장부에 기록하여야 하며, 크레딧전표 원 · 부본에 "VOID"라고 표시한 후 원본은 크레딧을 제공받은 고객에게 교부하고 부본은 크레딧 발행부서에서 보관한다.

**제57조(계약게임등)** ① 카지노사업자는 외래관광객 유치 및 외화획득을 위하여 카지노고객 및 전문모집인과의 계약에 의하여 일정한 대가를 지불하는 조건으로 계약게임을 유치할 수 있다.

② 카지노사업자가 카지노고객 및 전문모집인과 계약게임 관계가 성립되면 게임계약서 및 다음 각호의 사항을 기록한 별지 제11호서식의 계약게임내역서를 작성하여 보관하여야 한다.

1. 계약일자
2. 전문모집인 성명
3. 고객수
4. 고객의 국적
5. 지불금액

**제58조(보고)** 카지노사업자는 제21조의 입장객 현황, 제42조 및 제50조의 매출액현황, 제54조의 크레딧내역서 및 제57조의 계약게임내역서를 익월 10일까지 문화체육관광부장관에게 보고하여야 한다.

# 제7장 카지노 종사원의 준수사항

**제59조(게임규칙준수)** 카지노종사원은 이 준칙에서 정한 규칙에 어긋나는 게임을 하여서는 아니 된다.

**제60조(종사원의 품위유지)** ① 카지노종사원은 관광종사자로서의 품위를 유지하여야 한다.

② 카지노종사원은 사업자가 정한 복장을 착용하고 단정한 상태를 유지하여야 하며, 고객에게 불쾌감을 주는 태도와 행동을 하여서는 아니 된다.

③ 카지노종사원은 허가받지 않은 카지노업 영업에 관여하거나 참여할 수 없다.

**제61(종사원의 교육)** ① 한국카지노업관광협회 등은 관광진흥법 및 문화체육관광부령이 정하는 바에 따라 카지노종사원에 대한 교육을 실시하여야 한다.

② 카지노사업자는 종사원이 제1항의 규정에 의한 교육을 받도록 협조하여야 한다.

## 부칙 〈제2012-13호, 2012.3.29〉

**제1조(시행일)** 이 준칙은 고시한 날부터 시행한다.

**제2조(카지노 검사기관에 대한 경과규정)** 이 준칙 시행 당시 법 제25조제2항, 규칙 제33조제3항 및 종전 카지노업영업세칙(문화관광부 고시 제2002-9호, 2002.7.15) 제46조의 규정에 의하여 카지노검사기관으로 이미 지정을 받은 기관은 이 준칙에 의한 검사기관으로 지정된 것으로 본다.

# 참 고 문 헌


1. 유경미, 카지노경영론, 공동체, 2013.
2. NCS 카지노 학습모듈.
3. 카지노 딜링 매뉴얼, 그랜드코리아레저(주).
4. 이충기외 2인, 카지노 산업의 이해(원리와 실제), 대왕사, 2009.
5. 사행산업통합감독위원회(2014), 사행산업 관련 법령집.
6. 일학습병행제 자격 문제원형.

저자약력

## 유경미

現 광운대학교 정보과학교육원 관광경영전공 주임교수
광운대학교 정보콘텐츠대학원 관광산업콘텐츠학과 주임교수
경기대학교 원격교육원 카지노경영론 개발교수
관광레저서비스 분야 국가직무능력표준(NCS)개발위원
관광레저서비스 분야 NCS학습모듈개발위원
국가직무능력표준(NCS) 신직업자격 평가기준 및 문제원형 개발위원
국가직무능력표준(NCS) 신직업자격 설계검토위원
관광문화개발 분과 정책개발연구위원
직업능력심사평가원 훈련기관인증 평가위원
한국관광산업학회 홍보이사
카지노운영관리사 자격검증 운영위원

前 경기대학교 평생교육원 호텔카지노경영학과 주임교수
경기대학교 카지노아카데미 주임교수
세종대학교 카지노스쿨 강사
(주)파라다이스 워커힐 카지노 영업팀 및 교육팀 교관 근무

관심분야 : 카지노산업연구, 관광컨텐츠, 관광마케팅, 서비스산업연구
이 메 일 : casino@kw.ac.kr

## 박주희

경기대학교 관광전문대학원 호텔카지노컨벤션전공 관광학박사
경기대학교 일반대학원 호텔경영학과 관광학석사

現 전남도립대학교 호텔관광과 초빙교수
사행산업통합감독위원회 감독 · 지도과 분과위원
한국서비스산업진흥원 NCS산업현장교수
국가직무능력표준(NCS) 관광레저서비스분야 개발위원
국가직무능력표준(NCS) 학습모듈개발 카지노운영관리부문 집필진
카지노운영관리사 자격검증 운영위원 및 출제위원
한국카지노학회 학술출판위원
한국관광산업학회 상임이사
관광문화개발 분과 정책개발연구위원
대한민국을 빛낼 서비스창조포럼 100인대표
관광대책위원회 직능총괄본부 특별직능본부 리조트카지노 대책위원

前 (주)강원랜드 테이블영업팀 대리
(주)파라다이스 워커힐 카지노딜러
경기대학교 카지노아카데미 주임교수
인천문예실용전문학교 카지노딜러학과 학과장

관심분야 : 카지노산업연구, 관광마케팅, 서비스산업연구, 복합리조트
이 메 일 : aroma555@naver.com

저자와의
합의하에
인지첩부
생략

NCS 활용 카지노 운영관리

2017년 3월 5일 초판 1쇄 인쇄
2017년 3월 10일 초판 1쇄 발행

**지은이** 유경미 · 박주희
**펴낸이** 진욱상
**펴낸곳** 백산출판사
**교 정** 편집부
**본문디자인** 구효숙
**표지디자인** 오정은

**등 록** 1974년 1월 9일 제1-72호
**주 소** 경기도 파주시 회동길 370(백산빌딩 3층)
**전 화** 02-914-1621(代)
**팩 스** 031-955-9911
**이메일** edit@ibaeksan.kr
**홈페이지** www.ibaeksan.kr

ISBN 979-11-5763-348-7
**값 22,000원**